铜尾矿再利用技术

张冬冬　宁　平　瞿广飞　著

北　京

冶金工业出版社

2022

内 容 提 要

本书以铜尾矿的资源化利用技术为背景，介绍了铜尾矿的产生、污染、利用现状，总结了现阶段铜尾矿综合利用的基本途径。全书共分8章，主要内容包括：铜尾矿、地质聚合物胶凝材料概况，铜尾矿再利用实验方法与实验系统，铜尾矿-煤矸石复合胶凝材料的制备及研究，铜尾矿-偏高岭土复合胶凝材料的制备，铜尾矿-偏高岭土/粉煤灰复合胶凝材料的制备，地聚物胶凝材料分子模拟及机理。

本书可供环境、化工、矿业、材料等相关专业的工程技术和管理人员阅读，也可供大专院校相关专业的师生参考。

图书在版编目（CIP）数据

铜尾矿再利用技术／张冬冬，宁平，瞿广飞著 .—北京：冶金工业出版社，2022.7

ISBN 978-7-5024-9179-6

Ⅰ.①铜… Ⅱ.①张… ②宁… ③瞿… Ⅲ.①铜矿床—尾矿利用 Ⅳ.①TD926.4

中国版本图书馆 CIP 数据核字（2022）第 105259 号

铜尾矿再利用技术

出版发行	冶金工业出版社	**电　话**	（010）64027926
地　址	北京市东城区嵩祝院北巷 39 号	**邮　编**	100009
网　址	www.mip1953.com	**电子信箱**	service@ mip1953.com

责任编辑　郭冬艳　美术编辑　燕展疆　版式设计　郑小利
责任校对　梁江凤　责任印制　禹　蕊
三河市双峰印刷装订有限公司印刷
2022 年 7 月第 1 版，2022 年 7 月第 1 次印刷
710mm×1000mm　1/16；10.25 印张；197 千字；150 页
定价 66.00 元

投稿电话　（010）64027932　投稿信箱　tougao@cnmip.com.cn
营销中心电话　（010）64044283
冶金工业出版社天猫旗舰店　yjgycbs.tmall.com
（本书如有印装质量问题，本社营销中心负责退换）

前　　言

　　铜金属因其具有良好的导电性及相对稳定的化学性质，因此，在现代电气、机械制造等行业得到了广泛的应用，具有不可替代的作用。随着国家经济建设的发展，对铜矿资源的依赖和需求逐年增加，导致铜矿资源开采规模不断扩大，矿石开采产量不断提高，开采出的铜的品位却在降低，由此产生了大量的铜尾矿。铜尾矿是由铜矿石经过粉碎、筛分、精选等工艺处理后所剩的粒度较细的大宗固体废物，是工业固废的主要部分之一。随着工业的发展，矿石开采技术和选矿工艺也趋向成熟和多元化，提升了对有价元素的提取率。但根据现有的生产技术条件，每生产1t铜，会产出大约400t的废石和铜尾矿。根据相关数据估算，2018年我国尾矿总产量约为12.11亿吨，其中铜尾矿产量约为3.02亿吨，约占24.94%。《2019年中国固废处理行业分析报告》的数据显示，我国铜尾矿排放量已经达到2.24亿吨/a。国际上拥有较高水平的企业对铜尾矿的利用率在80%以上，而我国综合利用率不足20%，远远低于国际水平。国内约有10%的铜矿生产企业可以将尾矿回收再利用，其中可以将尾矿利用率提高到80%以上的，不到1/50。从以上数据不难看出，我国铜尾矿的堆存量非常大。

　　数量惊人的铜尾矿堆积在尾矿库内，在给企业带来沉重的经济负担的同时，也对周围生态环境及资源造成了一定的损害。从经济上看，我国尾矿库的维护费用高达7.5亿元/a，同时尾矿库的基础建设投资以及管理需耗费4~8元/t。因此，企业要承担高额的基建投资和管理维护费用，致使一些中小企业不堪重负，被迫停产。从环境上看，首先铜尾矿占用了大量土地资源，尾矿库的建设需要占用大量的耕地和林田，随着持续的开采，铜矿的品位降低，所产生的废石及尾矿逐年增加，越来越多的农林耕地被侵占，使本来就稀缺的农林耕地资源变得更加紧缺；其次，由于铜尾矿粒径较小，在多风季节，细小的颗粒容易被风吹起形成扬尘，对空气造成污染；铜尾矿中还含有重金属和选矿时残留的浮选药剂等有毒有害物质，这些有害物质会跟随尾矿的废水及雨水流入河流或渗入地下，污染土壤及水源，导致严重的植被破坏及土壤退化，甚至直接威胁到人类和动物的生存，对整个生态环境造成严重的危害；此外，铜尾矿的堆存还易引发自然灾害，某些尾矿库特别是一些早期形成的尾矿库在疏于管理的情况下，容易引发周边崩塌滑坡、泥石流等地质灾害，给周围环境及人民生命财产安全造成极大的威胁。因此，对铜尾矿的综合利用已迫在眉睫。如果可以拓宽铜尾矿的综合利用途径，有效提升铜尾矿的利用率，可以缓解一定的经济和环保压力。

铜尾矿作为大宗固体废物之一，给自然生态带来不同程度的威胁，如何对铜尾矿进行有效的资源化，寻找一种高效的处理方式就显得至关重要。目前，铜尾矿的再利用技术主要包括以下几个方面：

（1）矿山回填。即将铜尾矿作为填充材料回填矿井，这是目前铜尾矿综合利用最直接、最有效的方式，也是目前铜尾矿综合利用总量最大的方式。

（2）有价金属回收。铜尾矿中含有大量的有价组分，包括铜、铁等常见的金属元素及镍、钨等稀有金属。回收尾矿中有用组分是目前降低尾矿品位、综合利用铜尾矿以及提高企业效益的重要方式之一。

（3）制作建材。由于铜尾矿中含有石英、长石、云母等矿物以及Mn、Zn、Ti等对熟料煅烧有利的元素，因此可将铜尾矿用作煅烧熟料的原料，还可作为制作免烧砖的主要原料以及混凝土的掺料。

（4）尾矿复垦。由于我国矿山地区有大面积土地被废弃，需要把遭受人为破坏的废弃土地进行整治处理，以恢复土地的原有功能，使其可用于生产生活。土壤中掺入特定尾矿可疏松土壤结构，增强土壤的透水透气性，有效减少大面积的土地流失以及尾矿库的积累。

近年来，利用铜尾矿制备胶凝材料逐渐进入了人们的视野。胶凝材料是指在物理、化学作用下，能从浆体变成坚固的石状体，并能胶结其他物料，制成有一定机械强度的复合固体的物质，亦称为胶结材料。根据化学组成的不同，胶凝材料可分为无机与有机两大类。石灰、石膏、水泥等工地上俗称为“灰”的建筑材料属于无机胶凝材料；而沥青、天然或合成树脂等属于有机胶凝材料。由于铜尾矿是一种潜在的二次资源，含有如二氧化硅（SiO_2）、氧化钙（CaO）、三氧化二铝（Al_2O_3）等优势化学组分，因此利用铜尾矿制作胶凝材料成为继有价组分回收、尾矿回填等具有应用前景的资源化方式之一。根据现有的研究，铜尾矿基胶凝材料具有良好的热性能、耐酸性、抗冻性等，可应用于医学、光催化、水修复等方面，从而提高环境效益。将铜尾矿基胶凝材料应用于水泥工业中时，在碳减排方面具有重要贡献，可促进绿色可持续发展。

因此，在项目组前期研究的基础上，根据铜尾矿的性质，采用碱活化的方式，以煤矸石、偏高岭土、粉煤灰为掺料，制备铜尾矿基胶凝材料，并针对胶凝材料形成过程中的影响因素展开讨论，并进一步借助 XRD、FTIR 等对材料进行表征，结合分子模拟，采用合理的结构参数进行有效计算，对地质聚合物胶凝材料结构进行研究，实现对地质聚合物胶凝材料的机理与结构分析。

针对铜尾矿的资源化方法之一，本书基于对铜尾矿基胶凝材料的制备及相关机理研究，不断优化胶凝材料制备参数，提供尾矿基胶凝材料性能强化的方法，如煅烧温度、硅铝比调控、水玻璃模数等影响因素，进一步结合分子模拟，深度分析了胶凝材料中铜离子的固定稳定化。

本书的内容基于课题组的研究成果，在研究工作中，课题组成员冯天彦、谭波、杨志杰、李琪、沙成豪、付阳、马海翔、龙肖霞等做了大量的工作；本书内容涉及的有关研究得到了国家重点研发计划项目（2018YFC1801703）、国家自然科学基金项目（21966017）、昆明理工大学分析测试基金的支持，在此一并表示感谢！

由于时间仓促，加之作者水平所限，书中不足之处，欢迎广大读者批评指正。

作 者
2022 年 4 月

目　　录

1 概　　论

1.1 背景及意义

铜尾矿的主要成分是以二氧化硅以及白云石为主，由于其含有高硅的特性，使得其用来制备地质聚合物这种新型材料有着一定的可能性，通过将铜尾矿用来制备地质聚合物不仅可以大量消纳铜尾矿，使得铜尾矿的排放量大量降低，同时用铜尾矿制备的地质聚合物还可以替代部分普通硅酸盐水泥。随着国家的基础设施建设的规模不断增大，如修建高速公路、铁路、房地产以及地铁等，这些重点项目都对普通硅酸盐水泥有着大量的需求，而生产普通硅酸盐水泥不仅需要大量的能源，而且在生产水泥的过程中还会产生 CO_2 等温室气体，对我国"碳达峰"有着不利影响，根据 Davidovits 的研究，制备地质聚合物的工艺具有工艺简单、能耗低以及对环境影响极小的优点，同时地质聚合物除了具有普通硅酸盐水泥所具有的高力学性能外，还具有耐高温、耐酸腐蚀以及能够固化其内部重金属等优点。

煤矸石是在建井、采选、洗选等过程中所产生的煤矿废石。《中国资源综合利用年度报告》中表明，我国煤矸石存储量为 $45 \times 10^8 t$，2014 年煤矸石产生量为 $7.5 \times 10^8 t$，煤矸石综合利用率为 64%。但目前开发利用水平仍然较低，且每年的产生量也在增加。同样，煤矸石作为一种大宗固体废物也带来了侵占土地、污染水体、危害公共安全等问题。

偏高岭土是一种高活性矿物掺合料，以高岭土为原料，在适当温度下（600~900℃）经脱水形成的无水硅酸铝，具有很高的火山灰活性，抗压强度大、渗透性低、可加工性优良且氧化钙含量低。

粉煤灰是燃煤高温燃烧后从烟气收集下来的一种类火山灰硅铝质混合细粉，主要物质为高温条件下形成的硅铝质球状玻璃体。粉煤灰化学成分、粒径分布、微观形态、无定形组分等直接受燃煤的产地和燃烧条件影响，而粉煤灰的这些性质会直接的影响到地质聚合物反应的速率和产物。

地质聚合物是近年来兴起的一种新材料，它具有早期性能好、体积稳定性好、耐久性好等优良性能，是一种绿色环保，可替代水泥的新型胶凝材料。市场上地质聚合物注浆材料价格是水泥价格的 4~8 倍，限制了其在工程上的大规模应用。地质聚合物原材料来源广泛，富含硅铝相的工业废渣或天然矿物均可作为原材料，近年来利用工业废渣，如粉煤灰、矿渣制备地质聚合物的研究越来越多。

　　我国作为生产建设资源消耗大国，每年的水泥生产量及使用量均为世界第一。而水泥及混凝土的发展不仅造成了严重的污染，同时也消耗了大量的不可再生资源，每生产 1t 水泥就会消耗 1.5t 的原材料以及产生 0.7t 的二氧化碳。铜尾矿与煤矸石作为大宗固体废物，有着大体量的可利用资源条件，这两种都是富含硅铝酸盐的矿产废料，可作为水泥掺料或建筑替代材料。胶凝材料是一种与硅酸盐水泥在原材料、形成机制、水化产物、生产工业不同的一类新的胶凝材料，具有强度高、环境污染小、制备成本低等优点。同时，可提高铜尾矿与煤矸石的资源化利用率，在一定程度上解决其环境、安全、经济等方面问题。

1.2 铜尾矿概况

1.2.1 铜尾矿来源及性质

　　随着我国经济的持续增长，各行业的发展规模不断增大，像建筑业、电力业以及材料业等行业对铜的需求量也在逐渐增加，这加速了我国对铜矿的开采，铜尾矿的排放量也在持续增长。根据《2019 年中国固废处理行业分析报告》数据显示，我国铜尾矿排放量已经达到 $2.24 \times 10^8 t/a$。铜尾矿的来源主要有以下两种途径：第一种是随着矿山开采直接产生的尾矿，这种尾矿主要是随着铜矿一并开采出来的伴山尾岩或是由于开采的铜矿石品位较低而被直接废弃的低品位铜矿石；另一种是铜矿石经过粉碎、分选、精选等选矿作业后所剩下的固体废料。

　　铜尾矿的性质研究对于铜尾矿的综合利用工艺机理以及对工艺改进方案的制定等都非常重要。目前，虽然有着大量关于铜尾矿物理性质、矿物组成、化学性质等方面的研究，但是不同地方的铜尾矿由于其形成原矿的地质背景不同（如图 1-1，图 1-2 所示）、选矿工艺的不同以及不同气候对铜尾矿造成的影响等因素，对铜尾矿的具体矿物组成以及其成分之间的相互行为仍没有一个相对统一、普遍适用的认识。

图 1-1　内蒙古某铜尾矿库

图1-2 云南东川某铜尾矿库

1.2.2 铜尾矿的危害

由于铜尾矿排放量巨大,而我国的铜尾矿一般是排入尾矿库中存放,这也导致了我国铜尾矿库也有相当数量。由于相关技术的限制,铜尾矿的大量堆积也带来了许多危害,其主要表现为以下几个方面:

(1)经过浮选过程而产生的铜尾矿,由于其表面在浮选之后会存留浮选药剂,铜尾矿本身也存在重金属以及其他可迁移元素,当铜尾矿受到降雨、地下水等因素的影响,这些重金属、浮选药剂中的可迁移元素等会进行生物化学迁移,这将会对周边的生态环境产生不良的影响,最终将导致土地退化、植被破坏、地下水污染甚至影响到人和动物的生存(见图1-3)。

图1-3 铜尾矿浮选

(2)近年来由于铜尾矿的排放量越来越大,铜尾矿库的数量也相应剧增,这也导致了大量的农田、林地以及矿山土地被铜尾矿库大量占用，而随着铜尾矿的数量继续增加，铜尾矿的大量堆存导致土地资源的极大浪费，以及企业运营成本的增加。尾矿库的建造通常需要占用大量的农田、林地等，并且尾矿库一旦溃泄或排泄不当等都会极大地破坏库存附近的土地。我国国土面积虽然大，但人均占有耕地面积却很少，大量土地资源被侵占不但会严重影响我国国民经济的可持续健康发展，而且尾矿堆存后的土地往往会受到严重污染。占用的土地面积也将会不断增大，这将会严重影响到我国的土地资源利用（见图1-4）。

图1-4　铜尾矿污染

（3）由于在开采铜矿石时受到当时装备技术水平、实际操作以及管理体系的限制及环境影响，铜矿石中的有价元素并未被完全开采出来，因此铜尾矿也是一种可以利用的"二次资源"，将铜尾矿放在尾矿库中会造成资源的浪费，尾矿中可能含有重金属离子，甚至砷、汞等污染物质，而在对矿石进行选别的过程中，加入的各种化学药剂会遗留在尾矿中，这些大量有害物质会跟随尾矿的废水流入河流或渗入地下，污染河流及地下水源，严重污染附近区域的生态环境，导致严重的植被破坏及土地退化，甚至直接威胁到人类和动物的生存，对整个生态环境造成严重的危害（见图1-5）。同时，由于尾矿库承载了大量的铜尾矿，其会对尾矿库周边的生态环境以及尾矿库的安全产生不利影响。

图1-5　尾矿库泄露导致河水污染

1.2.2.1 铜尾矿的物理性质

铜尾矿组成复杂，含有一定量的铜原矿以及多种其他矿石，比如黄铜矿、磁铁矿以及铁橄榄石等，在铜尾矿中也含有复杂的氧化物以及硅酸盐等。由于选矿工艺不同，铜尾矿的粒度粗细不均匀，但就整体而言，铜尾矿的粒度都偏细。河北某铜尾矿中大部分黄铜矿的粒度在 $5 \sim 10\mu m$，较少部分在 $30 \sim 100\mu m$。四川里伍铜尾矿中+0.097mm 粒级占 67.6%，-0.074mm 粒级占 21.6%，随着尾矿粒度的减少，铜含量也随之增加，主要分布在-2.00 ~ +0.074mm 粒级之间。铜尾矿粒径的大小不会改变重金属在尾矿中的分布，也不会影响重金属的浸出趋势，但是粒径大小会改变重金属的浸出浓度以及其存在形态。Henrik K. Hansen 等分析了智利 El Teniente 铜尾矿粒径大小对尾矿中铜的形态和浸出性的影响，结果发现在不同的粒径大小的铜尾矿中，铜有着不同的形态。在较小的颗粒中，铜主要以氧化物的形态赋存，硫化物的形态只占 20%；相反，在较大的尾矿颗粒中，主要以硫化物的形态，并且随着粒径的增加，硫化铜的相对比例增加而硫酸铜和氧化铜的相对比例减少。

1.2.2.2 铜尾矿的化学性质

铜尾矿的化学组成非常复杂，不同产地的铜尾矿相互之间可比较性差，这是由于铜矿石成矿地质的产地、开采矿石的方法、选矿工艺以及铜尾矿的堆存方式等有差异等原因造成。组成铜尾矿的主要元素有 Mg、Al、Si、S、Ca、Fe、Cu 等，并且还伴有 Mn、Ti、Zn、Sr 等微量元素。不同产地铜尾矿主要化学成分的分析如表 1-1 所示。

表 1-1　不同产地铜尾矿的主要成分　　　　　（%）

产地	SiO_2	CaO	Al_2O_3	MgO	Fe_2O_3	Na_2O	Cu	S	K_2O	MnO	烧失量
中国新疆哈密	44.25	13.56	5.36	19.92	1.94	1.00	—	—	1.20	—	9.26
中国河北	44.84	12.12	5.21	14.65	3.41	0.55	0.076	0.32	2.51	—	—
中国湖北大冶	38.82	25.05	4.28	3.08	14.97	—	—	—	—	—	12.08
中国甘肃白银	35.38	1.08	1.82	0.42	37.00	—	0.28	—	—	—	21.68
中国江西德兴	65.39	2.81	17.77	2.42	4.49	0.33	0.14	0.44	5.08	0.08	0.20
中国云南羊拉	40.30	7.40	5.38	0.54	20.06	—	0.71	2.17	—	—	—
中国广西	34.63	24.30	6.20	3.66	14.44	—	0.13	2.00	—	—	12.08
美国	64.80	7.52	7.08	4.06	4.33	0.90	—	1.66	3.26	—	—
印度	75.00	0.16	12.10	0.49	3.60	4.30	0.32	—	1.85	0.08	2.10
马来西亚	44.10	12.48	15.40	0.87	19.00	0.46	—	0.46	1.24	0.87	—
澳大利亚	39.56	8.43	13.89	1.40	21.37	0.30	0.14	5.23	0.60	—	—

由表 1-1 可知，不同产地的铜尾矿的化学成分主要以 SiO_2、Fe_2O_3、CaO、

Al_2O_3 等组成，这与天然河砂制备建筑材料的主要成分基本一致，因此铜尾矿通过一定的技术方法可以制备出与天然河砂具有相似物理性能的建筑材料。同时，铜尾矿中还含有 Cu、Fe、S 等元素，这些元素经过相关的技术处理，可以被回收利用。

1.2.3 铜尾矿资源化利用现状

在现有采选技术条件下，铜尾矿堆存量逐年增加。如何提高利用价值及资源化利用率来减少存量成为未来的一个重要课题，对矿产资源、环境、社会可持续发展有着极为重要的意义。目前，铜尾矿资源化利用主要集中在以下几个方向：

（1）矿山回填。铜矿资源的大量开采，使得地下采空体积不断增大，带来了一定的安全隐患。而铜尾矿二次利用用作充填材料不仅可以解决这一安全问题，同时减少了尾矿堆积量。李东伟等发明了一种以铜/铁尾矿混合为主要原料制备矿井填充材料的方法，在铜尾矿及铁尾矿中添加铝矾土，以 KOH 和 Na_2CO_3 为碱激发剂，通过煅烧、制浆、制模等步骤制备了抗压强度可达 40.2MPa 的充填材料。何哲祥等介绍了湖北铜绿山矿不脱泥尾矿充填材料和充填工艺的试验，将尾矿与水泥一定比例混合，在 9 个区域试验，充填量达 81747m^3，综合利用不脱泥尾矿达 13×10^4t，对我国的经济及社会环境产生一定的效益。而 Gill 等又在此基础上添加废轮胎碎料增加了铜尾矿的承载量，当使用量为 30% 的轮胎加固后，承载力增加了 9 倍以上，同时铜尾矿中重金属元素的浸出浓度低于国家毒性浸出标准。除此之外，尾矿充填是铜尾矿资源综合利用的重要途径，将尾矿作为矿山采空区回填的充填体是重要的减量化手段。研究低成本充填的组合型技术策略成为新指导方向，包括因地制宜的充填方法、采场充填体强度最优设计、可替代水泥的新型充填胶凝材料和矿山充填质量控制等。

（2）再选与有价资源回收。我国的铜尾矿大多为伴生矿，伴生元素较为丰富，成分相对复杂，不仅含有铜、铁金属元素，还含有其他稀有金属以及贵金属元素。由于早期铜矿采选技术的限制，以及现阶段技术的发展，使得早期无法高效利用的铜尾矿资源可实现二次利用，通过再选以及有价资源回收提高铜尾矿综合利用效率。除了硫化浮选法、浸出萃取法、酸浸法对铜尾矿中的有价金属元素提取之外，还有生物法、电化学浸出等方法。有价组分回收是提高铜尾矿资源综合利用效率的有效手段。我国的铜尾矿矿物成分复杂，选冶联合为常用手段，其中浮选和化学浸出工艺应用较多。浮选通过不同工艺和药剂搭配实现有价金属的富集和有用矿物的回收；化学浸出工艺可以实现铜尾矿中的难选有价金属的提取。北矿机电科技有限公司研发的 CGF 型机械搅拌式粗颗粒浮选机针对性地对德兴铜矿铜尾矿中的粗粒级含铜矿物进行回收，有效提高了铜的回收率，该装备实现了工业应用。

卿林江等发明了一种从含铜尾矿中回收铜和金的方法，通过尾矿造浆、筛分、球磨分级、浸出洗涤、浮选等工艺，得到铜精矿和尾矿。郭彪华等针对德兴铜尾矿，使用捕收剂包括硫化钠等药剂对其进行浮选回收，对铜尾矿采用硫化矿、氧化矿分别浮选的方式，最后得到品位为 6.82% 的氧化铜精矿和 13.67% 的硫化铜精矿。Liang 等研究了 6 种铁硫氧化微生物混合培养方法，对浮选尾矿与酸浸尾矿进行浸出对比，发现生物浸出法对铜的浸出率为 62.7%，浮选与酸浸出法对铜的浸出率分别为 53.8% 和 57.4%。通过直接还原-磁选技术，Geng 等研究发现还原温度、时间、还原剂比率均对铁和铜的回收率影响较大，通过优化实现铜和铁分别为 83.44% 和 87.25% 的回收率，同时通过磁选进一步分离铜和铁。

（3）制备建筑材料。铜尾矿多为伴生矿，含有较多如白云石、钠长石、石英等非金属矿物，这些成分与建筑材料的主要成分类似，可作为部分建筑材料的替代物或衍生物。通过改良剂或辅助剂提高尾矿活化能力并消除其重金属元素的毒害影响后，可有效利用于建筑行业中。目前，铜尾矿作为建筑材料的研究较多，但技术较为单一，产品附加值较低，主要集中在水泥、砖、陶瓷、路基等。朱千凡等对铜尾矿作为高速路软土地基中换填土进行了可行性研究，即通过软件分析、计算模拟发现铜尾矿作为软土地基中的换填土后相比原状土其沉降量减少了 40% 作用，效果较好。由于铜尾矿的理化性质符合制砖要求，可将建筑石膏、粉煤灰、铜尾矿、熟石灰、改良剂等复合材料制备 MU15 级铜尾矿免烧标准砖和多孔砖，同时其力学性能测试也符合《非烧结垃圾尾矿砖》（JC/T 422—2007）标准要求。Liu 等将铜尾矿粉作为替代矿物掺合料。研究了水泥-铜尾矿粉复合黏结剂的力学性能、水化热性能和微观结构性能，发现作为替代矿物掺合料相比铜尾矿粉的抗压强度有所提高。

（4）铜尾矿复垦。尾矿的原位利用可分别采用物理处理、化学生物处理和植被覆盖处理三种方式，也可组合为多层处理方式，可有效减少大面积的土地流失以及尾矿库的积累。尾矿复垦是指在尾矿库上复垦或利用尾矿在适宜地点进行充填造地等与尾矿有关的土地复垦工作，主要方法有生物法和微生物法，其目的是实现重金属的稳定。尾矿复垦的利用途径主要包括尾矿复垦为农业用地、林业用地、建筑用地或直接复垦种植。尾矿作为土壤改良剂包含土壤结构改良和化学改良两方面作用，土壤中掺入特定尾矿可疏松土壤结构，增强土壤的透水透气性，掺矿渣效果好于掺河沙。部分尾矿中含有可与土壤中有害物质发生反应的组分，通过反应可以阻止土壤中有害物质的迁移。

Krupskaya 等对关闭的赫鲁斯塔尼采矿和处理厂的尾矿库进行复垦，分析了人类活动对生态圈影响的估算，对重金属（锌、铅、铜、镍、铬、汞和砷）进行了毒性研究，通过试验研究证明生物系统对尾矿库表面复垦具有一定的作用。基于上述生物系统的研究之后，Xie 等明确了修正的植物稳定修复技术是目前最有潜力的降低含硫尾矿中金属迁移率的植物修复技术，同时进一步指出无机地球化学过程在硫化矿尾矿库直接恢复的重要性。郝秀珍等发现铜尾矿中的重金属毒性和营养物质的缺乏是限制矿区植物定植生长的主要因素，故以有机物料泥炭作为改良剂并且采用不同的化学肥料处理，研究了泥炭与化学肥料对铜尾矿中重金属有效态含量及其 pH 值的影响规律；同时以黑麦草为种植对象并优化其生长条件，最后发现泥炭和肥料能够显著提高铜尾矿中黑麦草所需的生物量，降低铜尾矿的 pH 值，同时减少铜尾矿中有效态 Cu 含量。铜尾矿用于井下充填或复垦植被还存在许多问题。由于尾矿中硫含量较高，无机硫和单质硫如果在空气中暴露时间过长，会很容易被空气中的氧气氧化，从而加速尾矿的酸化过程，并且在酸性条件下还会进一步加快铜等伴生金属向生物效态的转化，导致恶性循环，这对植物的长期生存极为有害（见图 1-6）。

图 1-6 尾矿库复垦成功

1.2.4 工程案例

从铜尾矿中回收硫精矿：铜精矿和硫精矿为武山铜矿选矿厂的主要产品，该矿每天排出尾矿 320t 左右，各粒级尾矿的质量百分比及含硫和铜的品位情况表见表 1-2。采用重选设施每天可从尾矿中回收约 100~140t/d 标准硫精矿。

表 1-2 尾矿的成分及组成

粒级/mm	含量（质量分数）/%	品位/%		占有率/%	
		硫	铜	硫	铜
+0.32	26	3.86	0.30	0.40	2.95
-0.32~+0.2	5.93	10.60	0.39	2.43	9.75
-0.2~+0.1	27.98	25.98	0.30	28.73	31.77

粒级/mm	含量（质量分数）/%	品位/%		占有率/%	
		硫	铜	硫	铜
−0.1~+0.08	8.25	34.35	0.17	11.20	5.31
−0.08~+0.04	180.09	33.48	0.13	23.94	8.90
−0.04~+0.02	11.37	33.11	0.16	14.88	6.88
−0.02~+0.01	14.04	20.82	0.27	11.55	14.35
−0.01~+0.005	3.77	18.46	0.40	2.75	5.71
−0.005	7.79	12.94	0.51	4.07	15.38
合计	100	25.30	0.26	100	100

1.2.4.1 尾矿处理工艺流程

铜浮选尾矿自流进入固定木屑筛，筛上木屑废弃，筛下矿浆自流至倾斜的沙池后经渣浆泵泵入固定式矿浆分配器，又经固定式分配器出口进入旋转式分配器，最后进入选矿机进行选矿。矿浆从螺旋溜槽入口进入，并在内部螺旋式向出口流出，同时通过溜槽横向切面的螺旋作用力，使不同密度和不同粒度的矿粒在重力和离心力等力的作用下分成三条矿带。硫精矿经溜槽自流进入精矿池，硫精矿主系统脱水车间通过渣浆泵扬入硫精矿矿浆，经浓密机和盘式过滤器两段脱水，即得到硫精矿产品，而重矿物多沉淀在溜槽内侧，通过截面出口直接排出。中矿与原矿一起流入砂泵进入矿浆分配器，最后通过螺旋选机选别。轻矿粒在外侧，由截取器截出成为尾矿并送入尾矿砂池，再经灰渣泵泵入尾矿库。

1.2.4.2 工艺控制条件

（1）磨矿段。原矿处理量：42t/h；装球量：43t；单位球耗：1.2kg/t（低铬合金铸球）；球磨排矿浓度：70%~80%；选矿沉沙浓度：20%~25%；螺旋溢流浓度：28%~32%；螺旋溢流细度：60%~70%。

（2）浮选段。选硫：硫化钠40g/t，丁黄药150g/t，2号浮选油35g/t，工业酸性废水适量（控制pH=10）；浮选铜碱度：石灰15kg/t，耗酸8~12t；选铜：丁黄药：丁胺为3：2的混合捕收剂70~90g/t，2号浮选油40g/t。

（3）重选段。矿浆浓度：16%~24%；处理矿浆流量：4.5~6.0t/h；硫作业实收率：58%~62%；硫精矿品位：33%~37%；硫精矿产率：36.04%~42.04%。

1.3 煤矸石概况

1.3.1 煤矸石的来源及性质

煤矸石是煤炭开采和洗选过程中排放的固体废物，相比于普通煤炭，其具有含碳量低、热值低、质地坚硬的特点，是矿山固体废物，一般以堆存的方式存放。放眼全球的煤炭资源开采现状，我国的煤炭资源开采量与利用量算是最大的，据有关数据显示，在煤炭开采与洗选加工作业中，煤矸石的产量几乎要占到煤炭总产量的 1/10，目前我国煤矸石累计堆存已达 $70×10^8$t，且以 $1.5×10^8$t/a 的速度增长，占地面积约 70km^2，约为全国耕地保有面积的 6.79%。2013 年，我国煤矸石产量约为 $7.5×10^8$t，综合利用量 $4.8×10^8$t，综合利用率低于欧美发达国家 90% 的利用率，仅为 64%。

煤矸石是多种矿岩组成的混合物，主要有黏土岩类、砂岩类、碳酸盐类和铝质岩类等，黏土岩类在煤矸石中占有相当大的比例，尤以碳质页岩、泥质页岩和粉砂页岩最为常见（见图 1-7）。煤矸石的化学组成主要是无机质和有机质，其中无机质主要为 SiO_2（30%～65%）和 Al_2O_3（15%～40%），其次是 Fe_2O_3、CaO、MgO、Na_2O、K_2O、SO_3 和部分 Ti、Ga、Co、Cu、Zn、Mn、Mo 等元素；煤矸石中的有机质主要元素为 C，还包含 H、N、S、O 等元素；此外，煤矸石中同样也含有 Pb、Cd、F、Hg、Cr 等有毒有害元素。煤矸石的原矿粒度较大，粗大矸块含量比例高，其硬度为 3 左右，大孔隙多，具有微观孔隙结构发育。煤矸石的密度介于 2100～2900kg/m^3 之间，自燃煤矸石的堆积密度（900～1300kg/m^3）一般比普通煤矸石堆积密度（1200～1800kg/m^3）要低，这是由于经过自燃后，煤矸石的结构变得疏松，晶体有缺陷，有较高的孔隙率。

图 1-7　煤矸石

1.3.2　煤矸石的危害

由于煤矸石产量大，性质特殊，因此该种工业固体废物不仅所占土地面积大，而且严重浪费大量土地资源，这种固体废物的长期大量堆放还会释放有毒有害气体，污染环境，其产生的重金属以及部分矿物质污染水土。大量堆放的煤矸石，不仅会严重危害生态环境，而且会危害人们身心健康，其产生的危害主要有：

（1）堆积的矸石山的稳定性较差，较易引发部分地质灾害；

（2）大量堆积的矸石山，会占用土地造成土地资源的浪费；

（3）堆积的矸石山在经雨水冲刷后，会形成部分有毒有害物质，这些有害物质会严重污染周围的水体以及土壤，会严重影响周边植物的正常生长；

（4）堆积的矸石山，经长期的风吹日晒，矸石也会逐步发生风化，风化的矸石在风的吹动下易出现大量扬尘，严重污染空气（见图1-8）；

（5）堆积的煤矸石中通常会含有大量的 C 元素以及 S 元素等，这些元素都为可燃物，矸石的长期堆放易出现蓄热燃烧的现象，会逐步释放大量的有毒有害气体如 SO_2、CO 以及 H_2S 等（见图1-9）。因此，煤矸石的再利用和资源化势在必行。

图 1-8　煤矸石大量堆砌

图 1-9　煤矸石污染

据调查显示，某废弃工厂，堆满了煤矸石，有些煤矸石已经盖住了部分小麦，小麦旁边堆放的煤矸石累积得像小山一样高，部分耕地由于煤矸石的覆盖已经寸草不生，大风吹过，黑色的煤土随之飘过，煤矸石的随意堆放，给当地的居民生活造成了很大的影响和潜在的威胁。某煤业有限公司违规倾倒煤矸石，致 6 名村民相继中毒身亡（见图 1-10）。

图 1-10　煤矸石大量堆砌导致的滑坡

1.3.3　煤矸石资源化利用现状

煤矸石作为能源生产过程中的固体废物，根据其本身特性可将资源化利用分布于以下几个方面：能源领域、工程填料、建材领域化工产品领域。2013 年煤矸石、煤泥等综合利用发电量超过 1600 亿千瓦时，年利用总量为 $1.5×10^8$ t，占利用总量的 32%；土地复垦、填坑筑路等工程填料年利用总量为 $2.6×10^8$ t，占利用总量的 56%；建材领域利用率较低仅为年利用总量的 12%。煤矸石资源化利用主要表现在以下几个方面：

（1）工程填料。煤矸石中含有二氧化硅、三氧化铝以及三氧化二铁等活性物质，含量约为煤矸石整体质量的 60% 左右。在碾压过程中，颗粒间具有较好的黏结作用，使得其作为路基填料具有低成本、高效率、工艺简单等优点。程红光从煤矸石填筑施工技术、路基施工技术、压实分析等方面综合研究了煤矸石作为路基材料的可行性，结果表明煤矸石可用于路基填料，能有效替代石灰石、素土等材料，提高煤矸石综合利用率。Xiong 等将煤矸石作为固体废物的无机填料加入沥青胶泥中，发现煤矸石可改善沥青的性能，不仅对沥青胶凝材料的高温性能有积极影响，同时对沥青胶凝材料的低温性能也有较好的效果。在交通行业内，将煤矸石作为路基填料已成为重要的研究课题，狄科明等通过筛分、击实、CBR 实验等获得了煤矸石相应的路用性能数据，发现可通过控制大粒径煤矸石数量、较高压实度等提高煤矸石作为路基填料的安全性能，具有一定的推广作用。随着煤矸石与水泥混合物作为地下充填料的应用，其缺点也逐渐显现，主要是水泥在生产、运输过程中会对环境造成污染。Guo等利用微生物诱导碳酸盐沉淀技术即无水泥环保技术，驯化巴氏芽孢杆菌，将脉石颗粒结合成一个整体，提高生物矿含量的同时固化疏松颗粒，显著改善颗粒间的微观结构，形成了新型煤矸石基生物矿化材料的初步研究。

（2）建材领域。我国大部分的煤矸石以黏土矿物成分为主，所以目前煤矸石在建材领域主要以水泥掺料、高温煅烧制砖为主。煤矸石在水泥行业中主要以生料配料、熟料煅烧、水泥粉末等方面作为主要利用途径。陈立东从二氧化硅含量、三氧化二铝含量、烧制温度、配置比例等研究了煤矸石制砖及水泥的性能特性和技术要求，发现水泥熟料的品质主要由选料和配料的化学成分所决定。Guan等以宁夏石嘴山大武口煤矸石、石灰石和石膏为主要原材料，制备了较为典型的阿利特-硫铝酸盐水泥，其抗压强度可达到49MPa，充分利用了煤矸石中的氧化铝组分。Ma等研究发现煤矸石与水泥砂浆黏结会产生孔隙，进而影响混凝土的抗压强度和耐久性，且煅烧后的煤矸石混凝土内部结构相比原煤矸石混凝土更加致密，最后制备了碱活化煤矸石-矿渣胶凝材料，同时具有高强度、高耐性等优点，可用于氯化物、硫酸盐等化学侵蚀的环境（见图1-11）。

图1-11 煤矸石多孔砖

（3）化工产品领域。相对建材领域，其在化工产品领域利用效率较高。煤矸石组成中的多种成分可作为化工产品中的某些化工原料，如二氧化硅、氧化铝、炭、氧化铁、氧化钾以及一些稀有金属，通过不同的工艺处理后可得到高附加值化工产品：分子筛、造纸涂料、氯化铝等。许红亮等将煤矸石通过磨碎、酸洗、煅烧等工艺处理后，按照一定比例和氢氧化钠、氧化铝混合，通过超声波、晶化等工艺合成工业用量较大的4A分子筛。徐新阳等通过酸溶法制备了煤矸石基高效絮凝剂即聚合氯化铝（PAC），并通过聚合氯化铝进行了矿业废水处理的模拟实验，相比市场上的 PAC，其处理效果更好，同时也符合国家标准（GB 15892—2009）。刘成龙等通过研究讨论了碳酸钠质量浓度、二价铁离子质量浓度、温度和反应时间对氧化铁产品纯度的影响，制备了纯度最高为97%的氧化铁，在建材、催化剂、磁性材料、颜料等领域有着广泛的应用，具有多色性、遮盖力强、无毒等优良性能。而提取氧化铝及二氧化硅后的煤矸石渣，经浸泡后其滤液可作为二氧化钛的提取原料，经浓缩、水解、脱水、煅烧等工艺制备。煤矸石陶粒见图1-12。

图 1-12　煤矸石陶粒

　　（4）农业生产领域。化肥的长期使用，使得土壤中的有机质和腐殖质逐渐耗尽，并导致土壤板结和土壤盐碱化等土地退化问题。煤矸石中富含有机质，土壤中施加适量的煤矸石可以调节土壤容重，改善土壤孔隙结构。因此，煤矸石可以作为一种土壤改良材料。此外，煤矸石中含有大量炭质页岩或炭质粉砂岩，有机质含量为15%~20%，富含植物生长所必需的 Zn、Cu、Co、Mn 等微量元素，且这些有益元素的含量通常比土壤中的含量高2~10倍，这赋予煤矸石作为原料生产农业肥料的优越性同时，也为土壤微生物创造了良好的环境，从而提高了土壤肥力且促进植物生长。但煤矸石个别养分含量仍然偏低，因此很少单独作为有机肥进行使用。利用煤矸石制备有机复合肥料，不仅能提高土壤的渗透性和肥力，而且能提高作物产量。

1.3.4　工程案例

　　利用煤矸石生产烧结砖：某烧结砖厂利用某露天煤矿的煤矸石为原料，该厂年产煤矸石烧结砖 $8×10^7$ 块。

　　（1）原料配比。煤矸石原料：炭质页岩、泥质页岩和砂质页岩。使用时按比例搭配、混合均化。

　　发热量是配料的主要配比基准，然后再以不同的塑性指数的煤矸石和物料粒度调整塑性，才能符合制砖工艺的技术要求。碳质页岩类煤矸石约为30%~60%，其中每块砖坯的发热量为5000~6000kJ；泥质页岩类煤矸石掺量约为25%~30%，砂质页岩类煤矸石掺量约为10%~25%，塑性指数为7~9。

（2）工艺流程。工艺流程如图1-13所示。

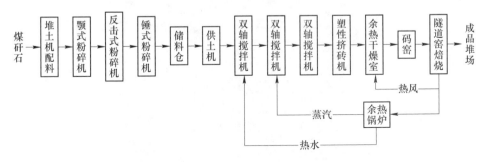

图1-13 煤矸石烧结砖生产工艺流程

1.4 粉煤灰概况

1.4.1 粉煤灰的来源及性质

粉煤灰是燃煤电厂煤粉燃烧后产生的一种固体颗粒，是一种大宗工业固体废渣，也称为"飞灰"，排放量巨大（见图1-14）。2013~2018年的粉煤灰产量依然呈现增长趋势，截止至2018年，全国调查的工业企业的粉煤灰产量为 4.63×10^8 t，综合利用率为74.9%。

粉煤灰是一种灰色、白色或黑色的粒径不均匀的球状物，由结晶体、玻璃体和少量未燃碳组成，同时也是一种碱性含量高的氧化物，具有结构致密、化学性质相对稳定等特性，粒径0.5~300μm。我国粉煤灰比表面积300~500m²/kg，比表面积取决于表面粗糙程度及孔隙率，粉煤灰较高的比表面积说明其具有较高的孔隙率。研究表明，粉煤灰的自然孔隙比远高于土类，最大可大于2，其中的孔隙由两部分组成，一部分为颗粒间挤压碰撞形成的间隙，另一部分为可燃物质燃烧气化留下的空洞。其平均密度相对较小，约 2.1g/cm³，化学成分主要包含 Al_2O_3（20%~35%）、SiO_2（40%~60%）、Fe_2O_3、CaO、MgO、K_2O、SO_3 和未燃尽的碳、铅、镉、汞、砷等微量元素，以及镓和锗等稀有金属物质。

在工业应用上，根据粉煤灰的化学成分可将粉煤灰划为不同种类：SiO_2、Al_2O_3 和 Fe_2O_3 含量（质量分数）占到总量的50%~70%，CaO含量较低的粉煤灰分为F级；SiO_2、Al_2O_3 和 Fe_2O_3 含量（质量分数）介于50%~70%，CaO较高的分为C级。F级的粉煤灰被认为是一种火山灰材料。火山灰材料是一种硅质或硅质与铝质混合的材料，在常温下可与 $Ca(OH)_2$ 反应，形成水化硅酸钙和水化铝酸钙等凝胶性的水硬产物；C 类的粉煤灰含钙量高，在潮湿的环境中具有自硬性。通常情况下粉煤灰的水化反应所需时间较长，而高温高压高湿的环境可以加速这一过程。

图 1-14　粉煤灰

1.4.2　粉煤灰的危害

　　未被利用的粉煤灰多采用堆放处理，粉煤灰的堆放极易对人体健康和环境造成威胁，随扬尘进入空气的粉煤灰会刺激呼眼睛、皮肤、喉咙和呼吸道，严重时甚至导致砷中毒。煤中的微量元素如 As、Se、Cd、Cr、Ni、Sb、Pb、Sn、Zn 和 B 等经过燃烧过程在粉煤灰中富集了 4~10 倍。其浸出能力受粉煤灰粒径、环境 pH 值、固液比等因素的影响。在堆场中，雨水的冲刷会使粉煤灰渗透进土层，当土壤环境达到一定条件，水与粉煤灰的交互作用会使粉煤灰中有毒的微量元素浸出，最终导致环境污染（见图 1-15 和图 1-16）。

图 1-15　大片农耕田地受粉煤灰污染

图 1-16 粉煤灰大量堆砌对空气造成污染

1.4.3 粉煤灰资源化利用现状

现阶段，我国粉煤灰的综合利用途径主要是工程应用型和产品型两种。工程应用型涵盖了建筑、农业、环境等领域。产品型是近几年新兴的粉煤灰利用方式，通过对粉煤灰的高附加值精细提纯从中提取氧化铝、二氧化硅、稀有金属镓和锗，极大程度拓宽了粉煤灰的利用途径，但产品型应用目前还并不广泛。

（1）建材领域。粉煤灰中存在的活性 SiO_2 和活性 Al_2O_3 使得粉煤灰有着类水泥性质，因此被广泛用作为水泥的替代品、混凝土或砖材的添加剂。目前我国粉煤灰的利用途径约 80% 集中于建材领域。将粉煤灰作为水泥、混凝土、砖材等材料的掺合料早已被证实为可行的资源化手段。将部分粉煤灰替代水泥掺入混凝土中，除了自身形态带来的匀质作用和润滑作用，粉煤灰的水化产物能对材料中缝隙进行填充，改善混凝土的界面结构，从而在其强度、和易性、密实度和干燥收缩性上达到增强的作用。此外，在建造以及工程填筑中粉煤灰已成功大规模使用。蒸压粉煤灰砖见图 1-17。

图 1-17 蒸压粉煤灰砖

（2）土壤改良剂。粉煤灰对土壤的修复改良最早应用于农业土壤，粉煤灰主要通过自身理化性质对土壤的物理性质（孔隙率、容重、土体结构、表层温度等）、化学性质（pH 值、盐度、微量元素含量等）及生物活性（土壤微生物活性、酶活性等）进行改善。粉煤灰中因其粉砂和黏土的粒径结构、高持水力等优点，是土壤改良剂的合适选择。在盐碱地上，能够改善土壤的孔隙度、和易性和保水能力，进而中和土壤的盐害作用。在黏土地和酸性土壤上，可中和酸性土壤，提高土壤的品质。对于 Pb、Cd 等重金属污染的土地，重金属元素的形态受土壤类型、重金属种类和含量影响，粉煤灰能够通过钝化作用改变土壤中重金属的赋存状态，而其中的莫来石则是钝化重金属的主要成分，将粉煤灰投入土壤中可使 Pb 由碳酸盐结合态向有机结合态、残渣结合态转化，Cd 则从交换态向有机结合态、铁锰氧化物结合态、残渣结合态转化。此外，粉煤灰在治理沙化土地、固定流沙上的效果也十分显著。

（3）粉煤灰吸附剂。粉煤灰作为一种多孔炭粒材料，也有着较好的吸附能力。粉煤灰的吸附过程有物理吸附和化学吸附两种，物理吸附取决于粉煤灰的孔径分布、比表面积等，而化学吸附活性来自丰富的 Al、Si、Fe 等元素形成的活性基团，这些活性基团能够与吸附质进行离子交换或产生偶极键的吸附。在污水处理方面，通过吸附作用可以很好地去除废水中的磷、氟、重金属离子、染料、表面活性剂、酚、油类等物质，去除率均可达 75% 以上，其实现净化的途径主要是吸附、沉淀、过滤。粉煤灰在高酸碱度下，去除重金属离子高达 40%~90%。在废气处理中，可用粉煤灰脱硫和吸附氮氧化物。粉煤灰脱硫的方式主要有粉煤灰干式脱硫、喷雾干燥脱硫和增湿活化脱硫。一方面，由于粉煤灰中的 CaO、MgO 和 Na_2O 等金属氧化物水溶液呈碱性，可用于去除烟气中的 SO_2；另一方面，粉煤灰中未燃的碳可用作活性炭吸附氮氧化物的前驱体，作为烟气脱硫和脱氮的吸附剂。粉煤灰陶粒见图 1-18。

图 1-18　粉煤灰陶粒

1.4.4 工程案例

利用粉煤灰生产蒸养砖（见图1-19）：武汉市某硅酸盐制品厂粉煤灰蒸养砖车间利用粉煤灰生产的粉煤灰蒸养砖抗压强度能达到13MPa以上，抗折强度大于3MPa，其各项性能满足墙体材料的一般要求，可以用于民用和一般工业墙体。湿粉煤灰来源于武汉市某热电厂，含水量95%~98%，以悬浮液状态用管道输送到砖厂。原料配比：粉煤灰：生石灰：石屑：石膏=(60~65)：14：(20~25)：1。

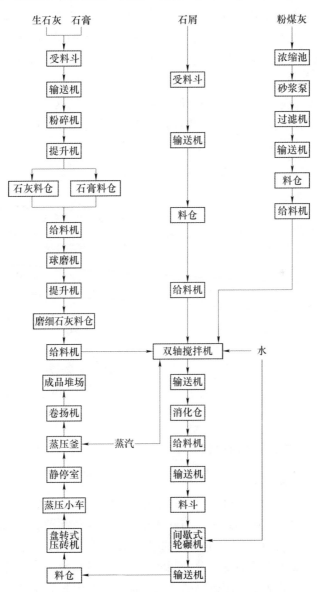

图1-19 粉煤灰蒸压砖工艺流程

1.5 偏高岭土概况

1.5.1 偏高岭土的来源及性质

偏高岭土是高岭土在一定温度（600~900℃）下的煅烧产物。高岭土是以高岭石为主，多种黏土矿物组成的含水铝酸盐混合体，其结构式为 $Al_4[Si_4O_{10}](OH)_8$，简式为 $Al_2O_3 \cdot 2SiO_2 \cdot 2H_2O$（见图 1-20）。其结构特点是由 Si-O 四面体层和 Al-(O, OH) 八面体层联结而成（通常称为高岭石层）。在联结面上，Al-(O, OH) 八面体层中的 3 个（OH），有两个的位置被 O 代替，使每个 Al 周围被 4(OH) 和 2(O) 所包围，结构单元层间靠氢键联结成重叠的层状堆叠。

偏高岭土是一种高活性的人工火山灰材料（见图 1-21），可与 $Ca(OH)_2$(CH) 和水发生火山灰反应，生成与水泥类似的水化产物。利用这一特点，在用作水泥的掺合料时，与水泥水化过程中产生的 CH 反应，可改善水泥的某些性能。

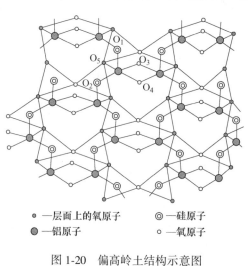

● —层面上的氧原子　　◎ —硅原子
● —铝原子　　　　　　○ —氧原子

图 1-20 偏高岭土结构示意图

图 1-21 偏高岭土

1.5.2 偏高岭土资源化利用现状

到目前为止，关于偏高岭土的研究主要集中在偏高岭土基地质聚合物在混凝土或相关工程中的应用。经过研究发现硬化快、耐酸碱等是偏高岭土基地质聚合物的特点，陈益兰等利用偏高岭土与硅灰分别于粉煤灰和钢渣掺和以制备高性能混凝土，试验结果表明偏高岭土制成的混凝土，不管从力学性能还是耐久性来说，都比不用硅灰制成的混凝土差，同时也说明了偏高岭土比硅粉和粉煤具有更高的火山灰活性；储成富利用偏高岭土与水泥混合对海相软土进行改良，通过无侧限抗压强度试验发现，偏高岭土掺量越多，则水泥土的强度越高，是一个呈现正相关的过程，同时也能说明偏高岭土的加入能够促进水泥的水化反应和总体强度；谈云志用偏高岭土和石灰直接或间接地掺入水泥淤泥土中，以此来实验偏高岭土和石灰的加入能否改良水泥对淤泥的固化作用，结果显示，当水泥和石灰按一定比例（水泥：石灰=4：1）混合掺入时，偏高岭土的加入能够进一步强化水泥土的强度和耐久性，对水泥固化淤泥土有促进作用；钱晓倩在混凝土中加入不同梯度比例的偏高岭土，探究偏高岭土的加入对于混凝土物理力学性质的影响，研究发现，混凝土的流动性会受到高掺量偏高岭土的影响，但加入减水剂可以解决这个问题，并不影响偏高岭土对混凝土的强化作用，混凝土的轴拉强度和轴压强度在掺入 15% 左右偏高岭土后均明显增强，证明了高性能混凝土以偏高岭土作为掺合料的优势和必要性；刘园圆探究了偏高岭土掺量对水泥基材料的水化性能与微观结构的影响，研究发现水泥的凝结时间可以通过偏高岭土的掺入而减少；同时还能增强水泥强度和提升水泥水化速率；王天亮重点探究冻融循环作用下水泥及石灰改良土的力学特性，并对改良土的孔径分布和微观形貌进行分析，从宏观力学分析和微观孔径图像均得到了偏高岭土对于水泥水化反应的积极作用结论；K. G. Kolovos 等尝试将水泥和偏高岭土分别加入土中，通过对比单纯地添加水泥试样，发现用偏高岭土部分替代水泥可减少孔隙率和裂缝，同时减小试样收缩情况，且微观结构得到改善；郭晓红等研究偏高岭土掺量对胶凝材料力学性能的影响，最终确定了偏高岭土掺量为 70% 时，胶凝材料不仅收缩小，且工作性能及力学性能优异，为最佳掺量。为了提高钢渣粉（Steel Slag Powder，SSP）作为矿物掺合料在水泥基材料中的利用率，以及增强再生混凝土（RAC）的力学性能，刘业金等研究了 SSP 和偏高岭土（MK）复掺对 RAC 力学性能和微观结构的影响，结果表明，当 MK 占矿物掺合料的质量分数 30% 时，试样抗压强度提高，微观测试表明，SSP 和 MK 复掺降低了 $Ca(OH)_2$ 的峰值强度，并且生成更多额外的 C-S-H 凝胶。闫强强等用石灰、糯米浆、偏高岭土进行了传统糯米灰浆的力学性能增强以及耐久性研究。试验结果表明，偏高岭土掺入量的增加表现出物理力学性能的增强，宏观上很好地说明了掺入偏高岭土能达到增强传统糯米石灰浆的力学性能的效果。同时在抗冻融循环试验中，制备偏高岭土-糯米石灰浆试样能够有效地提高抗冻融循环次数。

此外，也有研究人员尝试在粉煤灰、石膏中掺入偏高岭土进行水化反应或工程改良研究，进一步验证了偏高岭土在加速水化反应方面的相关特性。类比反应机理，可以利用偏高岭土富含"火山灰活性"这一性质对钢渣的水化反应进行提升，因钢渣可提供一定的碱性环境，偏高岭土可以作为激发剂在钢渣改良各类特殊土的过程中提升其水化铝酸钙、水化硅酸钙等聚合物的生成速率，进而帮助钢渣对膨胀土等特殊土质的改良。

1.5.3 工程案例

使用偏高岭土配制高性能混凝土：采用广西华宏水泥股份有限公司生产的52.5 强度等级的硅酸盐水泥，其28d 抗压强度为 64.9MPa。细集料为广西邕江七塘中砂，细度模数 2.9，含泥量小于 2%。粗集料为广西武鸣碎石，粒径 5～25mm，连续级配，压碎指标 8%。减水剂为北京慕湖外加剂有限公司的 UNF-5 型高效减水剂。粉煤灰取自广西田东电厂，粉磨至比表面积为 465m²/kg。矿渣取自广西田东冶炼厂，粉磨至比表面积为 420m²/kg。偏高岭土为南宁郊区高岭土，在箱式电阻炉中进行 700～800℃的焙烧，保温2h，再经粉磨和筛分制得，比表面积为 1272m²/kg。各掺合料化学成分如表 1-3 所示。

表 1-3 活性掺合料的化学成分（质量分数）　　　　　　（%）

掺合料	IL	SiO_2	Al_2O_3	Fe_2O_3	CaO	MgO	SO_3	TiO_2	ZrO_2	总计
粉煤灰	1.28	57.57	27.54	6.24	3.01	0.82	0.50	—	—	96.97
矿渣	8.24	22.65	9.75	27.06	22.92	3.70	0.90	—	—	95.22
偏高岭土	3.83	63.06	28.93	2.29	0.37	0.68	—	—	—	99.16

原料配比：活性掺合料占胶凝材料总量的 20%，其中偏高岭土占 7%，掺合料超量取代系数为 1.6。固定水胶比为 0.28，混凝土用水量为 174kg/m³，砂率为38%。拌制混凝土时，在保证坍落度大于 200mm 的情况下确定减水剂用量。与其他矿物掺合料相比，偏高岭土的流动性较差，为获得相同的坍落度，必须加大UNF-5 型高效减水剂的用量。

经过 3d 的养护，其抗压强度可达到 65.4MPa；经过 7d 的养护，其抗压强度可达到 82.1MPa；经过 28d 的养护，其抗压强度可达到 98.5MPa；经过 60d 的养护，其抗压强度可达到 102.9MPa。

2 地质聚合物胶凝材料概况

2.1 地质聚合物研究现状

地质聚合物（Geopolymer）又叫矿物聚合物，是一种与沸石有着近似的化学结构但同时又具备非金属结构的无机金属材料。作为一种无机聚合硅铝酸盐胶凝材料，地质聚合物由于其特殊的无机聚合三维网络结构，使得地质聚合物在众多方面具有很好的热稳定性能、耐久性能和力学性能。

1930 年，在研究了波特兰水泥的水化硬化原理后，美国的珀登引入了碱活化的概念，并提出了相应的理论。后来，苏联科学家研究了这一理论并将其应用于工业生产。到 20 世纪 70 年代，法国大卫奥维茨将高岭石和煅烧高岭石用作地质聚合物的铝硅酸盐原料。1978 年 Davidovits 发现了地质聚合物，通过对这种地质聚合物深入研究，发现该地质聚合物具有耐久性好、抗渗性强以及能耗低等优点。此后，Helferich、Shook 和 Neuschaeffer 相继获得了非晶态铝硅酸盐聚合物材料制备的专利。Palomo 等以煅烧高岭石为原料，石英砂为激活剂，制备了压力达 84.4MPa 的地质聚合物，固化时间只需要 24h，在 1990 年代后期，Vanjaarsveld 和 Van Deventer 一直努力制作和使用以灰尘为基础的矿物聚合物材料，并研究了 16 种天然硅酸盐矿物制备的地质聚合物。结果显示，当钙含量较高时，硅酸盐是一个骨架或岛屿，粉状灰渣的压缩强度在 7d 中达到 58.6MPa，一些超薄颗粒和高氧化钙含量的粉尘有助于提高地质聚合物的强度。在 21 世纪，Van Deventer 等进一步研究了地质聚合物材料的合成机制。Behzad Nemallahi 等根据先前的研究结果，对基于灰尘和抗压性的聚合物的水渗透性和刺激性的各种影响进行了研究。在 2015 年，M. Albitara 等研究了铅熔渣对以粉尘为基础的聚合地质聚合物混凝土的影响，进一步研究了显微结构与特性之间的关系。国家研究人员逐渐转向对地质聚合物微观结构的研究，部分研究应用于实际生产。

从 20 世纪 90 年代末开始中国地质聚合材料的研究机构主要是中国地质大学、北京科技大学、东南大学、清华大学等科研机构。地质聚合物的固体原材料来源广泛，大部分富含硅和铝的自然矿物以及工业废弃物几乎都可以用于制备地质聚合物，诸如偏高岭土、长石等天然硅铝矿物，赤泥、钾尾矿、粉煤灰、矿渣等工业废弃物。在工业废弃物中，粉煤灰和矿渣来源最丰富，硅铝碱活性相对较高，同时，混合各类活性硅铝质原材料，可以起到性能互补的作用。

地质聚合物主要是由硅铝酸盐组成的，其一般呈半晶态或非晶态的三维网状结构。地质聚合物具有耐久性好、抗渗性强以及能耗低等优点，在某些场合可以小部分代替普通硅酸盐水泥，在建筑材料、新型胶凝材料、密封材料以及墙面材料等领域有着非常广阔的应用与发展前景。

近年来，地质聚合物已经引起了国内外的许多科研院校和企业的广泛关注，并已经取得了一定的研究成果，如法国教授 Davidovits 采用玻璃纤维、碳纤维以及碳化纤维来增强地质聚合物，用这几种材质制备的地质聚合物的抗弯强度分别达到了 140MPa、175MPa 以及 210MPa；如澳大利亚墨尔本大学 Van Jaarsveld 以及 Van Deventer 等主要研究基于废渣地质聚合物重金属的固化技术；近几年，国际上已经出现了许多关于地质聚合物的商业产品，比如德国 TROLIT 牌黏结剂、美国 PYRAMENT 牌水泥以及法国 GEOPOLYCERAM 牌陶瓷等。

2.2 地质聚合物反应

地质聚合物的原料组成主要有两部分：一部分是黏土矿物等含有较高硅铝质材料，另一部分是碱激发剂。这些原料经过搅拌、混匀、成型、养护等流程最终制备成地质聚合物。地质聚合物成型过程中主要发生的反应是地质聚合反应，Xu 等提出地质聚合物反应主要分为四个阶段：

（1）在碱激发剂溶液中，地质聚合物的原料开始溶解；

（2）溶解后的原料形成硅铝配合物并且向固体颗粒中的缝隙渗透；

（3）在硅铝配合物渗透到固体颗粒中的缝隙之后，逐渐形成 $[M_x(AlO_2)_y(SiO_2)_z \cdot nMOH \cdot MH_2O]$ 凝胶相物质，原料之间发生地质聚合反应；

（4）在发生聚合反应之后，凝胶相物质逐渐硬化，排出未反应完的水分，最终形成地质聚合物。在这一过程中主要化学反应可表示为：

$$n(SiO_5，Al_2O_5) + 2nSiO_2 + 4nH_2O + 4nNaOH 或 (KOH) \longrightarrow$$

$$(Na^+，K^+) + n(OH)_3\!-\!Si\!-\!O\!-\!Al\!-\!(OH)_3 \qquad (2\text{-}1)$$
$$\underset{|}{\quad}$$
$$(OH)_2$$

$$n(OH)_3\!-\!Si\!-\!O\!-\!Al\!-\!(OH)_3 + NaOH 或 (KOH) \longrightarrow$$
$$\underset{|}{\quad}$$
$$(OH)_2$$

$$(Na^+，K^+)\!-\!(Si\!-\!O\!-\!Al\!-\!O\!-\!Si\!-\!O)\!+\!4nH_2O \qquad (2\text{-}2)$$

由式（2-1）以及式（2-2）可知，地质聚合物原料先在碱激发剂的作用下，水、硅质原料以及铝质原料反应生成了硅铝中间产物，然后这种中间产物继续与碱激发剂中的强碱反应，形成了地质聚合物的骨架结构，最终形成地质聚合物凝胶物质，并排出部分未反应完的自由水。

2.3 地质聚合物制备的成型方式

地质聚合物的制备方式主要有浇筑法、压制成型法以及超声波辅助法这三种，其中浇筑法需要的水量最高，一般水灰比在 0.2~0.45 左右，由于大量的水加入地质聚合物的原料当中，具有一定的流动性，因此，这种方式可以制备不同形状的成品，而且成品抗压强度一般在 20~100MPa 之间；压制成型法一般是先将硅铝酸盐原料与碱激发剂混匀，然后在 5~10MPa 的压力下压制成型，这种方式由于含水量少，流动性差，因此制备的地质聚合物成品一般比较规则，压制成型法虽然不能制备形状复杂的地质聚合物，但是由于其含水量低，致密度高，因此，制备的地质聚合物成品一般比浇筑法制备的地质聚合物成品的抗压强度要高；超声波辅助法是利用超声波震荡辅助制备地质聚合物，Feng 等发现，在制备地质聚合物时，将地质聚合物原料通过超声波辅助震荡，发现偏高岭土以及粉煤灰中的 Si-Al 可以在碱激发剂溶液中加速溶解，有利于地质聚合反应的进行，同时还能够提高地质聚合反应生成的凝胶物质与固体颗粒表面的键合，在一定时间范围内，超声波辅助震荡的时间越长，地质聚合物的抗压强度就越高。

2.4 地质聚合物制备的养护方式

目前地质聚合物制备的养护方式主要分为两大类：一种是在养护箱中恒温恒湿养护；另一种是在室温条件下养护。目前，国内大多数研究者主要在恒温恒湿养护箱中养护，如孙大全等以粉煤灰及硅灰为主要原料，在氢氧化钠和水玻璃制备的碱溶液的作用下，通过搅拌机搅拌混合均匀，然后倒入三联模，在振实台振动成型，最后放入恒温恒湿标准养护箱中养护至规定龄期，制备的地质聚合物成品 28d 的抗压强度达到 23.89MPa。也有研究者在室温条件下养护，如刘淑贤等以矿渣和尾矿为主要原料，加入用水玻璃和氢氧化钠制备的碱激发剂，搅拌均匀后，倒入模具中压制成型，最后在室温条件下养护至规定龄期，制备的地质聚合物成品 14d 的抗压强度达到 71.25MPa。Ye 以铝土矿尾矿以及经过粉碎的冶炼渣为主要原料，在氢氧化钠和水玻璃制备的碱激发剂的作用下，搅拌均匀，在模具中压制成型，最后在室温下养护至规定龄期，制备的地质聚合物 28d 成品的抗压强度达到了 90MPa。国外相关研究者也研究了地质聚合物在室温条件下以及在标准养护箱中养护的地质聚合物的性能。如 Jaarsvled 等以粉煤灰为主要原料，加入碱激发剂，搅拌均匀后，在模具中压制成型，然后在恒温恒湿标准养护箱养护 7d，最后制备的地质聚合物试样的抗压强度达到了 58.6MPa。Gao 等通过碱激发剂的作用来激发偏高岭土中的硅铝酸盐，从而制备地质聚合物，制备的地质聚合物在室温中养护 28d 后，其抗压强度达到了 48.1MPa。综上所述，不同的养护方式对所制备的地质聚合物的性能有影响，因此，在进行制备地质聚合物的时候，选取合适的养护方式可以提高地质聚合物的性能。

2.5   地质聚合物的链接结构

地质聚合物有着有机高聚物的链接结构，但其基本结构为无机的 [SiO_4] 与 [AlO_4] 的四面体。在地质聚合物中，电荷平衡主要是原料中的金属阳离子与具有负电荷的碱性阴离子的平衡。在地质聚合物中，有着复杂的空间三维键接结构，有关学者为了便于研究以及分析这种复杂的结构，将其应用为以下三个术语：

（1）单硅铝结构单元（Si—O—Al），用 PS 表示；

（2）双硅铝结构单元（Si—O—Al—O—Al），用 PSS 表示；

（3）三硅铝结构单元（Si—O—Al—O—Si—O—Si），用 PSDS 表示。

根据目前相关研究，地质聚合物有三种分子结构，分别是聚单硅铝结构、聚双硅铝结构以及聚三硅铝结构。目前地质聚合物种类中，其三维网状结构主要以上述三种分子结构单元经过缩聚而组成的。通过分析地质聚合物的化学组成，上述三种不同分子单元结构地质聚合物的化学式可以表示为：

$$T_n\{-(SiO_2)_z\,AlO_2\}_n \cdot WH_2O$$

式中，T_n 为碱性金属阳离子，主要为 K^+、Na^+；n 为缩聚度；z 为分子单元结构，分别为 1-聚单硅铝结构、2-聚双硅铝结构、3-聚三硅铝结构；W 为结合水数目。

在地质聚合反应过程中，水是必须存在的介质，当地质聚合物凝固时，除去排除的部分自由水，还有部分水将作为结构水存在于地质聚合物之中，形成地质聚合物的过程中只存在少量与硅酸钙类似的水化反应，并且相对于高分子聚合物，在地质聚合物中，地质聚合反应之前不存在真正意义上的单体。地质聚合反应的最终产物主要以共价键以及离子键为主，范德华键在其中起辅助作用，但是传统的以硅酸盐类似的水化反应为主的水泥材料则是以范德华键以及氢键为主，这也说明了地质聚合物的性能一般优于传统普通硅酸盐水泥。

2.6   地质聚合物的性能优点

地质聚合物作为近几十年来新发展起来的新型绿色凝胶材料，有着许多较为突出的优点，相较于传统的普通硅酸盐水泥的生产需要使用大量的石灰石，地质聚合物的生产原料则主要以煤矸石、矿物冶炼废渣、高岭土以及某些尾矿等固体废物为原料，具有固体废物资源利用的特点。同时，在生产传统普通硅酸盐水泥的时候会产生大量的 CO_2，而在地质聚合物的生产过程中所产生的 CO_2 可以减少 80%左右。因此地质聚合物的生产有可能解决传统水泥工业产生 CO_2 的难题，对于实现碳中和、碳达峰、减少环境污染和维持生态平衡具有重要意义。地质聚合物的性能优越，由于三维立体网状结构的存在，地质聚合物的力学性能非常良好，在养护条件适当，养护龄期达到规定时间以及在地质聚合物中添加纳米养护体系等条件下，地质聚合物的抗压强度最高可以达到 300MPa 左右。地质聚合物有着较强的抗化学侵蚀性，Bakharev 研究了以粉煤灰为主要原料的粉煤灰地质聚合物的抗化学侵蚀性，通过对比试验，探究粉煤灰地质聚合物、掺加了部分粉煤灰的普通硅酸盐水泥以及传统的普通硅酸盐水泥的抗化学侵蚀能力，结果发现，将制备的三种不同原料的试样放在醋酸溶液中浸泡 150d 后，粉煤灰地质聚合物试样与对比试样相比，其抗压强度仍能保持 50% 左右，掺有部分粉煤灰的普通硅酸盐水泥试样的抗压强度保持在 20% 左右，而传统的普通硅酸盐水泥试样的抗压强度仅能维持在 15% 左右。有研究者也发现在硫酸溶液中，传统的普通硅酸盐水泥试样在浸泡 30d 后，其抗压强度已近乎为 0，而粉煤灰地质聚合物试样在浸泡 150d 后的抗压强度仍能保持在 30% 左右，这也说明了地质聚合物的抗化学侵蚀能力比较好。

地质聚合物在地质聚合反应过程中以及后续的硬化过程中，其收缩率以及膨胀率都比较低，相较于传统的普通硅酸盐水泥，地质聚合物有着更好的体积稳定性。Palomo 等探究了地质聚合物的物理化学性能以及特点，结果发现普通硅酸盐水泥 7d 线收缩率是地质聚合物的 5~7 倍，28d 的线收缩率是地质聚合物的 8~9 倍，这说明了地质聚合物在制备过程的体积稳定性远远大于普通硅酸盐水泥。地质聚合物有着良好的耐高温性能，金漫彤等以秸秆地质聚合物复合材料为研究对象，探究该材料的高温性能，结果发现秸秆地质聚合物复合材料在 600℃ 温度下煅烧 120min 后，其抗压强度仍有 35.94MPa，在温度为 800℃ 下煅烧 120min，该材料仍有着稳定的矿物组成，这也说明地质聚合物有着良好的热稳定性。地质聚合物在形成的过程中会进行地质聚合反应以及凝胶化反应，由于这两个反应的进行，地质聚合物中的重金属会被固定下来，徐建中等以粉煤灰为主要原料，在碱激发剂的作用下制备出偏高岭土地质聚合物，探究地质聚合物中重金属的固化情况，通过对地质聚合物中 Cu^{2+}、Zn^{2+}、Pb^{2+}、Cd^{2+} 以及 Ni^{2+} 的检测，发现地质聚合物对于上述几种金属有着良好的固化效果，同时发现地质聚合物对重金属的固化机理主要是物理封装以及化学键的共同作用。廖希雯等以部分污染土替代偏高岭土，在碱激发剂的作用下制备地质聚合物，研究地质聚合物对污染土壤中的重金属 Pb、As、Cd 的稳定化效果，并探究地质聚合物中重金属的赋存形态，研究结果发现地质聚合物对土壤中的重金属固化可以促进重金属形态从高活性形态向残渣态转化，通过对重金属的赋存形态分析，发现交换态 Pb 降低了 38.34%，交换态 Cd 降低了 32.64%，交换态 As 降低了 33.53%，综上所述，地质聚合物对重金属有着良好的固化作用。

2.6.1 力学性能

地质聚合物胶凝材料与传统水泥相比具有"早硬高强"的特点,使得其力学性能上有一定的优势。顾泽宇等用高炉矿渣粉、水玻璃及氢氧化钠等原料制备了碱激发剂胶凝材料,发现标准砂及矿粉用量比为 3∶1,液固比为 0.5,氢氧化钠和水玻璃用量比为 1∶7 时,所制备的胶凝材料 28d 抗折强度可达 13.7MPa,抗压强度最高可达到 120MPa,符合超高层建筑商用混凝土抗压强度标准。地质聚合物具有快凝早强和界面黏结能力良好的力学性能特点。早期强度方面,致密的三维网络结构使其早期强度优良,凝结时间随着养护温度升高而逐渐缩短。界面黏结方面,以共价键为主的碱性三维网络凝胶体作为主要产物,与集料界面结合紧密。另外,可以通过添加有机聚合物乳液(苯丙乳液、丙烯酸乳液等)、增强纤维(碳纤维、耐碱玻璃纤维、玄武岩纤维、有机纤维等)及超细粉体(石英粉、硅灰、纳米二氧化硅等)等来改善地质聚合物的抗压、抗折强度、韧性、黏结性能等力学性能。

Charkhtab 等利用废轮胎中钢纤维改善粉煤灰地质聚合物,提高普通混凝土在酸性环境下的力学性能表现,研究表明掺加橡胶屑、纤维及 20% 的粉煤灰水泥的地质聚合物胶凝材料其抗压强度和抗拉强度均有显著提升,分别为 49MPa 和 4.7MPa。

张敏等用磷渣代替部分水泥,来研究磷渣基水泥胶凝材料(PSC)和碱激发磷渣胶凝材料(PSA),通过比较固化时间、抗压强度、抗折强度发现,碱激发磷渣胶凝体系抗压强度更高,又结合微观技术如 XRD、SEM、FTIR 等发现 PSC 体系中主要以 C-S-H 凝胶、AFt 等传统水化产物组成,而 PSA 体系除此之外还有一定的沸石产物。在常用原料之外,又开发了以矿粉为原料,以珊瑚为骨料制备碱激发矿粉珊瑚粉混凝土,其最优配比 28d 抗压强度可达到 60MPa 以上且 7d 的强度就超过 28d 的 70%。

2.6.2 耐腐蚀性能

由于地质聚合物胶凝材料特有的三维网状空间结构,具有比无机硅铝酸盐水泥更好的耐腐蚀性能。伍勇华等发现将碱激发矿渣胶凝材料在盐酸溶液中浸泡后,其抗压强度明显降低,表面被腐蚀,使整体质量发生了一定损失。而掺入粉煤灰后,复合胶凝材料的强度及质量变化减小,表明粉煤灰的掺入可以适当提高碱激发矿渣胶凝材料的耐酸腐蚀性能。而纳米 SiO_2 的掺入能够显著提高胶凝材料的抗腐蚀性能,同时温度对其抗腐蚀性也有一定的影响,如较低温如 5~10℃ 条件下,掺入纳米 SiO_2 有着更好的抗硫酸盐侵蚀能力。Jin 等以制革污泥为原料制备地质聚合物,并以抗压强度及重金属铬浸出浓度为指标评价地质聚合物在硫酸盐侵蚀下其耐冻融性能和耐海水腐蚀性能,结果表明该地质聚合物具有良好的耐海水腐蚀性能及抗硫酸盐腐蚀性能。

Francesca 等比较了裸钢和镀锌钢在相同强度等级的地质聚合物和普通硅酸盐水泥砂浆中暴露在氯化物下的腐蚀行为,研究表明地质聚合物延长了裸钢和镀锌钢加固的活性状态,之后渐渐呈现明显的钝化趋势;相比偏高岭土基地质聚合物,粉煤灰基地质聚合物能够更好的保护裸钢并对其加固,这是因为粉煤灰基地质聚合物有较低总孔隙率,能够阻止外部环境的水分及盐分进入内部;对于镀锌钢来说,粉煤灰基地质聚合物胶凝材料对其也有相当的保护作用。

2.6.3 耐高温性能

地质聚合物胶凝材料多是由原材料中的硅、铝酸盐经溶解—凝胶—重构—聚合固化等过程形成的聚合物,其耐高温性能优于传统的硅酸盐水泥,同时具有优良的隔热效果。地质聚合物具有良好防火耐高温性,在 1000～1200℃ 之间不氧化、不分解,熔点为1400℃以上,耐高温性能优于传统的硅酸盐水泥,导热系数为 0.24～0.58W/(m·K),且具有很好的隔热效果。朱晶以矿渣为主要原料,结合多种原料、碱激发剂制备多个方案,研究了矿渣胶凝材料在高温下的力学性能,发现最优条件制备下的矿渣胶凝材料其高温后的抗压强度及抗折强度分别为高温前的85%和52%。同时发现在 600～800℃ 高温后,胶凝材料的水化产物之一(水化硅酸钙)逐渐分解,并伴有镁黄长石生产,物相组成由非晶相转变为晶相。

胡志超等用苯丙乳液对偏高岭土地质聚合物胶凝材料进行改性,以提高其力学性能和耐高温性能。发现当改性乳液掺量为 1% 时,28d 抗压强度提高了25.8%,且对胶凝材料在 100℃ 条件下焙烧后,强度达到最大,当温度达到300℃时其力学性能骤降,但相应提高了材料的使用温度范围。曹海琳将制备的无机聚合物经250℃煅烧 2h 后,其抗折强度损失 9.7%,经450℃煅烧 2h 后强度损失40.3%,均优于水泥同等条件下所损失的31.3%和80.6%。通过煅烧前后形貌观察得出水泥水化后主要生产水合硅酸钙胶体并生成大量的氢氧化钙,而高温使得水合硅酸钙和氢氧化钙分解,最终使得水泥强度降低。

2.6.4 重金属固化能力

地质聚合物能够有效固化/稳定有毒重金属离子与其特殊的水化产物和铝硅酸盐网络凝胶结构有非常密切的关系,由于地质聚合物材料的渗透性较低,其固定有毒金属离子的能力优于波特兰水泥。Co、Pb、Cd、Ni、As、Ra 等重金属可通过金属氢氧化物沉淀、离子取代等方式降低迁移率,进而被固定在地质聚合物内部的三维网络中。因此,可以利用地质聚合物材料来固封有害金属离子。

目前,地质聚合物用于环境治理的研究主要集中在固体废物及废水领域,均是利用地质聚合物的类沸石结构实现对重金属污染物的吸附和固定。地质聚合物吸附效率高主要源于其带负电荷的三维骨架结构为吸附重金属离子提供了更多的吸附位点。这种结构还可以固化有害元素，通过物理和化学机制降低重金属污染物的浸出性。吸附法是一种有效而廉价的去除水中重金属的方法。地质聚合物对金属离子的物理吸附和解吸过程如图 2-1 所示，地质聚合物具有三维立体结构和多孔性，为吸附重金属离子提供了大量的吸附位点。

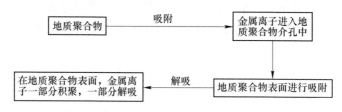

图 2-1　金属离子在地质聚合物表面的吸附和解吸过程

　　金属离子经由地质聚合物的介孔迁移，并通过物理吸附在活性中心累积。由于金属离子与地质聚合物介孔间没有化学键的生成，仅存的范德华力较弱，故通过简单的洗涤工艺，化学处理，热处理，金属离子即可从地质聚合物表面解吸。此外，地质聚合物中暴露的氧原子将促进重金属络合物的形成，导致重金属在水溶液中沉淀。地质聚合物对重金属离子的吸附包括物理吸附和化学吸附，是否产生化学键是其主要区别。地质聚合物对重金属的固化效果主要取决于物理包封和化学键合作用，配位体中 Al^{3+} 的取代和离子交换等作用也参与其中。在固定化过程中，不溶形式的重金属主要由地质聚合物进行物理包封。当金属为溶解的离子形式时，主要在地质聚合物表面结构或介孔结构上发生化学键合或吸附。

2.7　地质聚合物的应用

　　地质聚合物是一种新型高性能胶凝材料。由于其特殊的缩聚三维网络结构使其在众多方面具有高分子材料、水泥和陶瓷等材料的特征。地质聚合物的三维网络结构，赋予它不同于硅酸盐水泥的特点，其力学性能好，早期强度高；能有效固定几乎所有已知有毒金属离子；碳排放低等，在工程应用中具有较强的优越性。地质聚合物兼有陶瓷、水泥和有机高聚物特性，且原材料来源广泛、制作加工方便、硬化速度快、力学性能好、耐久性能优异、重金属固封效率高等优点，在土木工程、航空航天、重金属或核废料、耐高温防火等领域具有广阔的应用前景。

2.7.1　建筑材料领域

　　夏雨欣利用碱激发胶凝材料早强快凝的特点，将其与 3D 打印技术相结合，以 NaOH 和硅酸钠为混合液激发矿渣和粉煤灰，优选配比方案，研究出的碱激发胶凝浆体性能良好，效果表现优异，可堆积性及塑性能力较好。地质聚合物是目前胶凝材料中快硬早强性能最为突出的一类材料。用于土木工程中可以大大缩短脱模时间加快模板运转周期提高施工速度，同时由于地质聚合物具有早期强度高及界面黏结强度高的特点，可用作混凝土结构的快速修补材料。地质聚合物水化后结构致密，具有良好的防水、防火等性能。利用白色的煅烧高岭土作为硅-铝反应物，用一定模数和浓度的水玻璃作为碱激发剂并加入适量填料配制出了地质聚合物基涂料。该地质聚合物基涂料具有耐淡水、海水、盐和稀硫酸等化学侵蚀的特性。与有机涂料相比地质聚合物基涂料具有耐酸性、防火阻燃性、环保性、防霉菌性等一系列优点。地质聚合物基涂料作为特种涂料将有广阔的应用前景。地质聚合物的最终产物为类沸石相，而沸石是具有骨架（又称三维网状、笼形）结构的含水硅酸铝，沸石材料能吸附有毒化学废料，所以地质聚合物是固化各种化工废料、固封有毒重金属离子及核放射元素的有效胶凝材料。传统水泥不适合固化许多含碱金属的化工废料也不适合固化最终产品为含高浓度硫酸的金属矿山尾砂。与传统水泥不同，地质聚合物不含石灰并且在碱金属或硫酸溶液中有很好的稳定性。目前核电站以及其他核利用设施运行中会产生大量高、中、低放射性核废料，核废料的封装方法有：沥青法、玻璃法、水泥法、陶瓷法，其中水泥法工艺简单无须高温高压和特殊设备投资及运行费用低廉，但其稳定性较差、渗出率偏高。利用地质聚合物类沸石相的骨架结构固封核放射元素，既具有水泥法的工艺简单又具有陶瓷法的稳定性。利用地质聚合物特有的快硬早强、高抗折强度、耐腐蚀和导热系数低、可塑性好等特点可以开发建筑用的地质聚合物 GRC 板材和块体材料。与水泥制品相比，地质聚合物制品不用湿态养护，养护周期短，原料丰富，成本低廉。同时地质聚合物具有较好的加工性能，其制品具有天然石材的外观，便于成型及制作各种耐久性装饰材料。

Ayeni 等考察了尼日利亚偏高岭土基地质聚合物胶凝材料替代波特兰水泥的可能性，通过高温煅烧、微观标准、性能测试等发现，胶凝材料因其可获得性高、可负担性低、抗压强度高及生态友好性，可作为尼日利亚建筑业的可持续建筑材料。郭小雨等以磷石膏为主要原料，以水泥、矿渣、粉煤灰等作为辅料制备磷石膏免烧砖，通过优化配比后测试其 28d 抗压强度可达 26.51MPa，且免烧砖内磷石膏中的重金属元素铅、钡被固定，所制备的磷石膏免烧砖可用于建筑材料。

2.7.2 环保领域

Alouani 等综述了地质聚合物胶凝材料在处理有机污染物（如染料）和无机污染物（如重金属）所污染的废水等方向的研究，发现地质聚合物胶凝材料因其良好的表面和界面性能，可对被污染水体中的有机及无机污染物进行吸附、包裹和反应，也为以后其他污染物（如除草剂及杀虫剂）的固定、降解提供一定的可能性。

经过水化作用，地质聚合物和陶瓷在结构上相似，相比于陶瓷，地质聚合物更容易加工成形态各异的复杂制品，而且工艺简单。采用地质聚合物代替有机物进行涂料制备，可以使涂料具有地质聚合物的特殊性质，例如可做防火涂料、环保涂料、防腐蚀和防霉等特殊涂料，在有特殊需要的涂料领域，地质聚合物涂料应用前景广阔。水泥固封技术在处置工业毒废渣和核废料等方面应用广泛，但自身具有很大的局限性。例如，传统水泥不适合固封许多含碱金属的化工废料，也不适合固封最终产物为含高浓度酸性物质的金属矿山尾砂。与传统水泥不同，地质聚合物在酸性环境中具有很好的稳定性，是一类稳定可靠的理想固封材料。

除此之外，Hasna 等对磷矿污泥进行循环利用，通过 NaOH、KOH 双碱活化，以磷矿污泥取代 50% 的偏高岭土基地质聚合物，开发了一种绿色胶凝材料，通过测试在抗侵蚀、抗压强度、抗弯强度等方面均有较好的稳定性，可作为可持续涂层材料。Rainy 等通过控制钠硅比和碱度开发了一种耐水、耐盐、耐腐蚀性能的地质聚合物涂层材料，适合埋地软钢管的涂层，可代替水泥砂浆涂层。

2.7.3 工业领域

胶凝材料在工业领域中也有较多的应用，包括固废材料、耐高温材料、保温材料等。利用地质聚合物特有的早强快硬、高抗折抗压强度、耐腐蚀和导热系数低、可塑性好等特点，可以开发建筑用的地质聚合物板材和块体材料。与水泥制品相比，地质聚合物制品不用湿态养护，养护周期短，原材料丰富，成本低廉。同时地质聚合物具有较好的加工性能，其制品具有天然石材的外观，便于成型及制作各种耐久性装饰材料。利用地质聚合物良好的抗酸、碱能力，可将其用于修建存储酸、碱废水的堤坝、水池、管道以及垃圾填埋场的密封层。同时由地质聚合物制作的模具能耐酸及各种侵蚀介质，具有较高的精度和表面光滑度，能满足高精度的加工要求。

胡志华等以粉煤灰为主要原料，通过复合激发剂制备粉煤灰地质聚合物胶凝材料，且当试块密度达到 $900kg/m^3$ 时，抗压强度可以达到 13MPa，导热系数为 $0.134W/(m \cdot K)$，属于保温材料，同时对高频声波也有较好的吸收能力。Pan 等将水玻璃和高炉矿渣添加至铅锌尾矿中，使铅锌尾矿达到稳定的效果，与普通硅酸盐水泥相比，掺入碱矿渣水泥泥浆具有更好的流动性，抗压强度更高，认为碱矿渣胶凝材料更适合作为铅锌尾矿稳定化的黏结剂或尾砂回填剂。

刘泽等研究了以粉煤灰基地质聚合物固化重金属铅的效果，将铅离子以硝酸铅的形式掺入粉煤灰地质聚合物中，固化体养护 28d 后通过浸出测试得出粉煤灰地质聚合物对铅的固化率可达到 90% 以上。而 Wang 等进一步研究了以水玻璃和氢氧化钠复合激活剂制备的粉煤灰基胶凝材料,固化/稳定化粉煤灰中 Pb^{2+}、Cd^{2+}、Mn^{2+} 和 Cr^{3+} 多种重金属,结果表明,在粉煤灰基胶凝材料中,重金属离子可以替代 Na^+、Ca^{2+} 等安全金属离子进行有效固化,重金属离子对胶凝材料固化体的抗压强度有不同的影响。ICP-AES 结果表明,该胶凝材料对重金属离子具有较高的固化度,在所有样品中,固化率达到 99.9%。重金属离子固化的机理是物理固定、吸附和离子交换的相互作用。

2.8 地质聚合物存在的问题

目前国内对碱激发胶凝的研究主要分为以下三个方面:原材料的开发、固化机理及影响因素的研究、激活方式及激发剂选择。

原材料的开发主要有碱激发矿渣类、碱激发粉煤灰类、碱激发偏高岭土类以及其他各材料协同制备胶凝材料等。现在随着对胶凝材料机理的研究,对其他类型的材料尤其是大宗固体废物的研究也相应增多,如各类金属尾矿、煤矸石、磷石膏等。宋旭艳等将锰渣作为研究对象,利用其主要矿物组成为 SiO_2 和 CaO 的特点,以水玻璃、氢氧化钠和碳酸钾作为复合激发剂,以锰渣为主要原料,同时以 10% 的硅酸盐水泥为辅料,所制备的碱激发锰渣胶凝材料力学性能较好,通过研究水化产物发现锰渣中的二氧化硅对胶凝材料固化体的结构形成有积极作用,胶凝材料的强度也有所提高。何玉龙等除了以水泥与粉煤灰为主要原料外,掺入未经处理的原状磷石膏制备磷石膏基胶凝材料,当磷石膏掺量为 60%,水泥与粉煤灰比例为 1:4 时,所制备的磷石膏基胶凝材料 28d 抗压强度可达 30MPa,基体强度较高且耐水性能优异。而各类金属尾矿的大量堆存,使其作为胶凝材料原材料的研究也逐渐增多,Yao 等通过机械活化对铁尾矿的火山灰活性、水化性能及其作为水泥基辅助胶凝材料进行的研究,发现研磨对氧化钛结构产生了降解,同时在碱性条件下产生了胶凝性能,制备了满足复合硅酸盐水泥的铁尾矿水泥基胶凝材料。

随着胶凝材料原材料的扩展,固化机理及影响因素也得到了进一步的发展。由于胶凝材料原材料种类较多且材料本身多为固体废物,成分较为复杂,其固化机理主要以解聚-重构为主,但并不单一。以碱激发粉煤灰/矿渣基胶凝材料为例,当碱激发剂加到粉煤灰或矿渣混合物中后,由于矿渣中结构主要以玻璃体存在,其活性高于粉煤灰,其中的 T—O—T（T 表示 Si、Al）等共价键断裂,同时产生 SiO_4^{4-}、AlO_4^{5-} 等离子,随着体系中碱度增强,粉煤灰中的玻璃体也不断解体产生 SiO_4^{4-}、AlO_4^{5-} 等离子。而 SiO_4^{4-}、AlO_4^{5-} 离子的产生在 OH^- 作用下,重新聚合生成硅铝酸盐三维网状结构与天然矿物结构和成分相似的组分,反应原理如式 (2-3)~式 (2-6) 所示。

$$(Si_2O_6，Al_2O_3)_n + 4nH_2O \xrightarrow{Na_2SiO_3} n(OH)_3Si—O—Al—(OH)_3 \quad (2-3)$$

$$n(OH)_3—Si—O—Al—(OH)_3 \xrightarrow{Na_2SiO_3} (Na)(—Si\overset{\uparrow}{\underset{O}{}}—O—Al\overset{\uparrow}{\underset{O}{}}—O)_n + 3H_2O$$
$$(2-4)$$

$$(Si_2O_6，Al_2O_3)_n + nSiO_2 + 4nH_2O \xrightarrow{Na_2SiO_3} n(OH)_3—Si—O—Al\underset{(OH)_2}{\downarrow}—O—Si—(OH)_3$$
$$(2-5)$$

$$n(OH)_3—Si—O—Al\underset{(OH)_2}{\downarrow}—O—Si—(OH)_3 \xrightarrow{Na_2SiO_3} (Na)$$
$$(—Si\overset{\uparrow}{\underset{O}{}}—O—Al\overset{\uparrow}{\underset{O}{}}—O—Si\overset{\uparrow}{\underset{O}{}}—O)_n + nH_2O \quad (2-6)$$

其中，其反应活性与硅氧四面的聚合程度成反比，而激发剂的加入即碱性的增加就破坏硅氧四面体结构同时降低其聚合程度，出现了许多断键，与水接触后被 OH^- 所覆盖，成为 $H_3SiO_4^-$ 进入溶液。同时矿渣解体后产生的 Ca^{2+}、$Ca(OH)^+$ 或 $Ca(H_2O)(OH)^+$ 等阳离子与 $H_3SiO_4^-$ 反应生成 C-S-H 凝胶，反应如下：

$$4OH^- + 2H_3SiO_4^- + 3Ca^{2+} \longrightarrow CaO \cdot 2SiO_2 \cdot 3H_2O \longrightarrow C\text{-}S\text{-}H + 2H_2O$$

此外，原料反应出来的 Ca^{2+} 与 OH^- 发生反应，使得 Si—O—Ca 和 Si—O—Si 结构数量减少。但 OH^- 的存在会降低硅氧四面体的聚合度，大量低聚合度且单一的硅氧四面体与 Ca^{2+} 反应生成 C-S-H 凝胶，使 $Ca(OH)_2$ 继续电离生成 OH^-，使得体系中的解聚反应能够持续。

而碱激发胶凝材料原材料中的氧化钙、二氧化硅、氧化铝对胶凝材料性能有着较为重要的影响。孔令炜通过研究发现，原料中钙组分的含量对胶凝材料的凝结时间、强度、流变特性等有一定的影响，可适量增加钙含量从而优化水化产物及结构，提高胶凝材料的各种性能；而硅、铝含量及硅铝比对聚合反应也有重要影响，比如铝含量比较高时，水化产物结构较为紧密，强度相应提高，当硅含量比较高时，胶凝材料的后期强度增长比较明显。

利用碱激发地质聚合反应能够对尾矿进行大规模处理，而且该方法节约成本、绿色环保、流程简单。然而，利用地质聚合反应固化尾矿的绿色技术并没能在实际生产中大规模应用。这其中有技术转化到生产需要一定周期、生产企业在选择传统技术和革新技术时的保守做法等客观原因。例如在尾矿回填中，水泥固化是传统技术，而地质聚合反应固化是革新技术。但是，尾矿和重金属的种类繁多，其物理化学性能差别很大，而现有研究对地质聚合反应固化尾矿的共性问题认识不足，是造成那些成功固化特定尾矿的技术未能在生产中大规模应用的根本原因。目前，通过地质聚合反应固化尾矿的研究存在以下不足：

（1）通常以固化尾矿制备混凝土材料为出发点，仅仅是以技术手段来固化特定尾矿。此外，由于尾矿种类复杂，性质差别大，目前缺乏对代表性尾矿基地质聚合物形成机理的研究，或者系统地总结其形成规律。

（2）缺乏通过地质聚合反应轻固化尾矿至低抗压强度的研究。

（3）尾矿中通常含有重金属，很多研究也报道了尾矿基地质聚合物对其中的重金属的固化。但是，不同研究针对不同的尾矿和重金属，所以报道的固化机理存在争议。

地质聚合物制备时，为了获得与混凝土材料相似或更好的性能，大都需要添加高剂量的激发剂。然而，生产碱激发剂所消耗的能量巨大，故高碱含量和高能耗是其面临的主要技术挑战。其次，地质聚合物的原材料的化学组成和物理性质差异性较大，在制备时碱激发剂的用量和加工方法具有明显的区别。因此，提出以下建议来克服地质聚合物技术当前的局限性，以促进其在建筑材料中的大规模投产和应用。

（1）未来的研究应集中于激发剂用量的优化，并研发新的活化和固化方式，如添加废料（钠化废料）、与商业碱性活化剂具有相似性质的皂渣或其他添加剂，以生产出低能耗、低 CO_2 排放、低成本和现场操作安全的可持续地质聚合物产品。

（2）对于地质聚合物的生产原料的多样性没有统一的定量和定性研究标准，应建立专门为地质聚合物设计的标准规范和测试方法，使地质聚合物在取代 OPC 混凝土方面能够得到广泛认可。

（3）对不同材料源地质聚合物的反应动力学和化学进行建模，摸清其作用机理，为地质聚合物研究人员在设计和制造阶段确定需要考虑的关键参数和因素提供指导。

（4）利用核磁共振（NMR）等先进分析方法，阐明单一或杂化原材料形成的非晶态地质聚合物产物的结构单元，这些非晶态地质聚合物产物是其他分析方法（如 XRD）无法定量推导的。

目前胶凝材料还存在很多不足，如制备成本不理想，性能不稳定，同时碱激发胶凝材料的固化机理研究尚没有形成较好的理论系统，尤其是化学机理。所以对其原料的分析整合，堆积胶凝材料的应用开发、固化机理、制备工艺等进一步优化和研究不但具有较高的学术价值，而且必将对我国的经济、环境建设、社会可持续发展产生深远有益的影响。

3 铜尾矿再利用实验方法与实验系统

3.1 实验目的、内容及技术路线

3.1.1 实验目的及内容

    铜尾矿与煤矸石都是富含硅铝酸盐的大宗固体废物，合理利用并提高利用效率能缓解一系列的环境及安全问题。以铜尾矿为主要原料，通过添加适量的偏高岭土、煤矸石制备地质聚合物，在进行物相分析之后，探究制备地质聚合物胶凝材料的最佳原料配比，同时进一步强化地质聚合物的性能，旨在为铜尾矿资源利用提供了一个新的研究方向，并为制备地质聚合物这种新型材料开辟了一条新途径。

    铜尾矿的大量堆存，对环境带来了严重的污染，资源化利用率低也造成尾矿资源浪费。铜尾矿是富含硅铝酸盐的大宗固体废物，在尾矿资源化方向具有良好的利用前景，合理利用并提高利用效率能缓解一系列的环境及安全问题，同时能促进尾矿资源化发展。通过分析铜尾矿基本特性和热活化的方式提高其活性，并分析热活化过程中其物相变化，找到最佳的活化条件，为铜尾矿胶凝材料的复合制备做好理论基础。以铜尾矿为原材料，根据铜尾矿基本特性选择合适的铝质矫正剂找到合适配比，氢氧化钠/水玻璃为碱激发剂，制备铜尾矿胶凝材料，并对其性能进行适当研究，以提高铜尾矿的综合利用率；探究地质聚合物对铜尾矿中重金属固化稳定化效果，测试其前后浸出毒性变化；通过分子化学模拟，研究地质聚合物过程机理。实验内容如下。

    （1）铜尾矿热活化研究。通过 X-射线衍射分析（XRD）、扫描电子显微镜（SEM）、电感耦合等离子体发射光谱仪（ICP-OES）等对制备出的铜尾矿地质聚合物进行微观表征以及浸出毒性分析，探究铜尾矿地质聚合物性能的制备机理、固化机理；通过热活化将尾矿中超标的重金属晶格化，测试铜尾矿活化前后铜尾矿中矿物组成、矿相结构变化、重金属浸出浓度，并利用热重分析铜尾矿最佳活化温度，为稳定铜尾矿中重金属并制备地质聚合物胶凝材料提供依据。

    （2）通过添加煤矸石/偏高岭土等材料，提高原料中的 Si、Al 含量，调节 Si/Al，寻求较好的原料配比，提高地质聚合物胶凝材料的性能；通过分析化学组成加入合适的铝质矫正剂，在激发剂作用下制备地质聚合物胶凝材料，通过单因素实验分析实验过程中激发剂的种类、激发剂掺量、$m(SiO_2)/m(Al_2O_3)$ 对地质聚合物胶凝材料性能的影响，通过响应面法优化设计以激发剂掺量、水玻璃模数、$m(SiO_2)/m(Al_2O_3)$ 为正交因子的正交试验，找到铜尾矿地质聚合物胶凝材料的最佳配比。

（3）探究煤矸石/偏高岭土掺量、碱激发剂模数、水灰比、煅烧温度、养护龄期等因素对铜尾矿制备的地质聚合物性能的影响。

（4）探究实验前后地质聚合物胶凝材料性能（如浸出毒性、耐受性、抗压强度等）的改变。以《危险废物鉴别标准　浸出毒性鉴别》（GB 5085.3—2007）为标准，测试制备地质聚合物后铜尾矿中重金属浸出浓度，通过 XRD、SEM、XRF 等测试手段对胶凝材料进行微观结构表征，同时通过耐性研究了解胶凝材料在高温、酸碱条件下其力学性能和质量的改变。

（5）分子模拟计算。本书采用美国 Accelrys 公司的 Materials studio 软件完成相关分子模拟计算，并主要使用了以下三个模块，即 Visualizer 模块、Discover 模块和 Forcite 模块。在这之中，Visualizer 模块属于软件的核心模块，主要用于构建后续计算分析的凝胶初始结构模型，处理与结构模型相关的各类文本、表格等数据，并与外界晶体结构数据库对接，从而不断完善所建模型。

蒙特卡罗法构建地质聚合物凝胶结构需要确定凝胶组成的基本单元，在 Materials Visualizer 模块中构建 Na、Ca、H_2O、OH 及 Si_2AlO_{10}（Si—Al—Si）结构模型，并在 DMol3 模块中对所建 H_2O、OH 及 Si_2AlO_{10}（Si—Al—Si）结构模型进行几何优化，并对构建好的结构模型进行计算。

基于铜尾矿的基本特性，通过不同温度热活化不仅能提高铜尾矿的活化性能，还能将铜尾矿中超标重金属向稳定的晶格化转化，分析铜尾矿化学组成选择合适的铝质矫正剂，再加入碱激发剂找到制备地质聚合物的最佳配比；加入等质量的水泥替代碱激发剂制备铜尾矿水泥基体与碱激发剂制备的地质聚合物进行对比；再通过分子化学模拟计算探究地质聚合物的反应机理。

3.1.2 技术路线

（1）铜尾矿-煤矸石复合凝胶材料制备技术路线。本书研究的铜尾矿-煤矸石复合凝胶材料制备技术路线如图 3-1 所示。

（2）铜尾矿-偏高岭土复合胶凝材料的制备技术路线。本书研究的铜尾矿-偏高岭土复合胶凝材料的制备技术路线如图 3-2 所示。

（3）铜尾矿-偏高岭土/粉煤灰复合胶凝材料的制备技术路线。本书研究的铜尾矿地质聚合物的制备技术路线如图 3-3 所示。

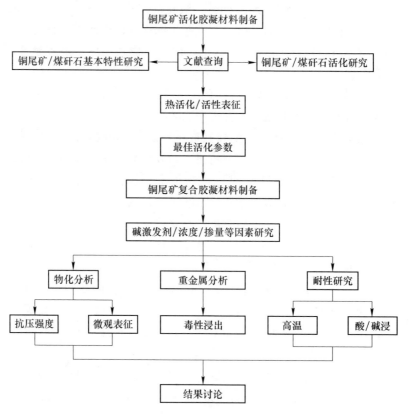

图 3-1　铜尾矿-煤矸石复合凝胶材料制备技术路线图

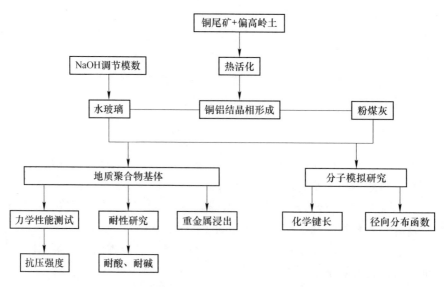

图 3-2　铜尾矿-偏高岭土复合胶凝材料的制备技术路线图

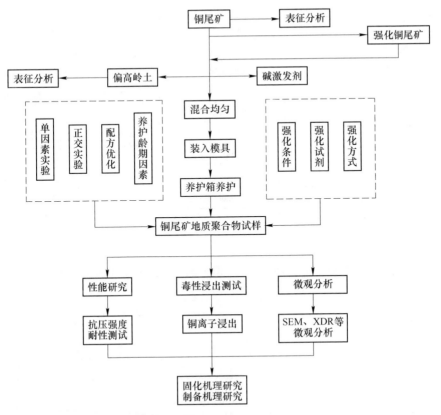

图 3-3　铜尾矿-偏高岭土/粉煤灰复合胶凝材料的制备技术路线图

3.2　实验仪器及药品

3.2.1　实验仪器

实验所用仪器设备包括材料分析测试设备、材料养护设备等，实验所用仪器设备详见表 3-1。

表 3-1　实验仪器及设备

设备及仪器	型号	生产厂家
激光粒度分析仪	Hydro 2000SM（A）	英国马尔文制造公司
X 射线荧光光谱仪	Thermo 3600	美国 Thermo 公司
X 射线衍射分析仪	UltimaIV	日本 Rigaku 公司
红外光谱仪	Tensor 27	杭州瑞析科技有限公司
扫描电镜显微镜	Nova-Nano450	美国 FEI 有限公司

设备及仪器	型号	生产厂家
电感耦合等离子原子发射光谱仪	Agilent 5110	中国安捷伦科技有限公司
万能试验机	WEW-600B	绍兴市肯特机械电子有限公司
标准养护箱	A 型	绍兴市上虞立明仪器制造有限公司
干燥箱	202-2AB	天津泰斯特公司
马弗炉	SX-GO7123	天津市中环实验电炉有限公司
电子天平	ESJ200-4B	沈阳龙腾电子有限公司
小型粉碎机	3000Y	永康市铂欧五金制品有限公司
塑胶模具	20mm×20mm×20mm	浦江县凯越硅胶制品厂

3.2.2 实验药品

表 3-2 所列为实验主要实验药品，其中液态水玻璃参数如表 3-3 所示。

表 3-2   实验药品

药品名称	纯度	生产厂家
氢氧化钠	分析纯	天津市致远化学试剂有限公司
液态水玻璃	工业纯	嘉善县优瑞耐火材料有限公司

表 3-3   液态水玻璃参数

种类	$w(SiO_2)/\%$	$w(Na_2O)/\%$	密度/$g \cdot cm^{-3}$	模数
液态水玻璃	27.3	8.54	1.36	3.3

3.3   实验所用测试方法简介

3.3.1   粒度分析

材料的粒径大小、粒径分布是决定其物理性能的重要指标之一，医药、化工产品、制药业等领域对粒径都有严格要求。高效、快速、便捷地测量材料的粒径与均一性，对提高产品质量、减少环境污染等有着重要意义。本实验采用激光粒度仪对材料进行粒度测试。

激光粒度仪是一种应用较为广泛的测量粒度的仪器，适用于从几百纳米到几毫米的材料。依靠激光颗粒散射可以直接让整个激光粒径产生均匀散射，这一光学现象被用来帮助检验粒径的均匀分布。由于这种单色激光本身同样具有很好的激光单色性和极强的激光方向性，一束完全平行的单色激光在一个毫无见光障碍的特定空间内它就会被直接照射到一个无限遥远的特定位置，并且在其激光传播的整个过程中几乎完全没有任何激光发散的异常迹象。虽然每次散射光的检测强度平均分布总是因为在测量中心较大，而检测边缘较小，但由于被特定检测物体单元的测量面积总是里面较小外面大，所以每次检测所得到的散射光能强度分布值的峰值通常都会落在位于其测量中心与检测边缘之间的特定检测单元上。而此时当电子光束颗粒遭受照射到电子颗粒的外力阻挡，一部分光被颗粒阻挡后发生激光散射。因此不同粒径大小的细微颗粒分别直接对应着不同的颗粒光能分布，反之由此方法检测得到的颗粒光能平均分布便等于可以直接推算出一个样品的细微粒径光能分布。激光粒度测量分析仪主要特点具有测量速度快、范围广、准确性高等优点。

3.3.2 形貌分析

扫描电子显微镜（SEM），简称扫描电镜。是利用高能聚焦电子束对样品表面进行显微结构表征的电子光学仪器。作为一种透射电子显微镜和光学显微镜之间的观察手段，利用聚焦很窄的高能电子束来扫描样品，通过光束与物体之间的相互作用，来激发各种物理信息，对这些信息进行收集、放大、再成像来达到对物质微观形貌表征的目的。具有景深大、分辨率高、成像直观、立体感强等特点，可在三维空间内进行旋转和倾斜等特点，广泛用于生命科学、物理学、化学、环境领域、材料学等微观研究。本实验采用扫描电子显微镜对材料进行形貌分析。

3.3.3 成分分析

（1）XRF。X射线荧光（XRF）光谱仪主要是用来确定某一化学物质中不同金属元素的光谱种类及化学含量。利用原级性的X光辐射线、激光、其他可见性的粒子或微观辐射粒子通过强光激发性观测物质的外部原子，使其内部能够直接产生二次性或特征性的X光辐射线。对于每一种具有基本特定化学性质的金属原子而言，都应该具备其特定的化学能量级和电子结构，其中在核外部分的氢电子都以各自特有的特定能量在各自固定的原子轨道上相互作用运行，内层部分的核电子甚至可以在具有足够热和强度大的X光辐射线的能量照射下完全自动脱离外层原子的能量约束，成为自由部分电子即时的激发态。通过测定特征X射线的能量，便可以确定相应元素的存在，而特征X射线的强弱则代表该元素的含量。利用X射线荧光原理，理论上可以测量元素周期表中的每一种元素。在实际应用中，有效的元素测量范围为11号元素钠（Na）到92号元素铀（U）。本次实验采用X射线荧光光谱仪对材料进行成分分析。

（2）ICP。ICP即电感耦合等离子体发射光谱仪，可以对样品中的多种金属元素以及部分非金属元素进行定量和定性的分析。通常情况下，原子处于基态，在激发光作用下,原子获得足够的能量,外层电子由基态跃迁到较高的能级状态即激发态。处于激发态的原子是不稳定的,其寿命小于 10^{-8} s,外层电子就从高能级向较低能级或基态跃迁。多余能量以电磁辐射的形式发射出去,这样就得到了发射光谱。原子发射光谱是线状光谱。处于高能级的电子经过几个中间能级跃迁回到原能级,可产生几种不同波长的光,在光谱中形成几条谱线。一种元素可以产生不同波长的谱线,它们组成该元素的原子光谱。由于不同元素的电子结构不同,其原子光谱也不同,具有明显的特征,由于待测元素原子的能级结构不同,因此发射谱线的特征不同,据此可对样品进行定性分析,而根据待测元素原子的浓度不同,因此发射强度不同,可实现元素的定量测定。本次实验采用电感耦合等离子体发射光谱仪对地质聚合物进行分析,探究地质聚合物的毒性浸出浓度。

3.3.4　结构分析

(1) XRD。X 射线衍射是物质表征和质量控制不可缺少的方法。常用于对物质的组成和原子尺度量级的结构进行鉴定和研究。比如,利用 XRD 可以确定物质单细胞中各种原子的排列方式,进而研究材料的一些特殊性质与其原子排列的关系。此外,还可以确定物质中化合物的种类和含量,进而研究物相含量对物质性能的影响。

其基本原理为:当一束单色 X 射线入射到晶体时,由于晶体由原子规则排列的晶胞组成,入射 X 射线波长与原子间距离形成不同原子散射的 X 射线且相互干扰,在某些特殊方向上产生强 X 射线衍射,而晶体结构决定了衍射线在空间分布的方位与强度,所以每种晶体所产生的衍射能反映出该晶体内部的原子分布规律。X 射线衍射对物相分析、结晶度测定、精密测定点阵参数等都有应用。本次实验采用 X 射线衍射 (XRD) 对材料结构进行分析,得到相关衍射数据后再利用 Jade 软件进行分析,从而定性以及定量的对材料地质聚合物中的矿物晶体组成进行分析。

(2) FTIR。在材料性能测试的领域中,用红外光谱仪对未知物包含官能团进行定量和定性分析,是一种确定未知物组成和结构常见的表征方法。目前几乎所有的红外光谱仪都是傅里叶型的,因此红外光谱分析基本使用傅里叶变换红外吸收光谱仪 (FTIR) 完成。其主要研究对象是分子中的化学键。由于分子中的化学键总是处于某一种运动状态之中,每种状态都具有一定的能量,属于一定能级。一般情况下,分子的转动和振动处于基态,当物质被红外光谱仪所发出的红外光照射时,分子的转动和振动将吸收红外光而发生能级跃迁,特定官能团或化学键吸收特定频率的红外光,称之为基团频率或化学键的特性频率。不同官能团或化学键的特性频率不同,同一官能团或化学键的特性频率在不同物质中出现时吸收位置相对固定。一定频率的红外光源辐射分子时，被分子中相同振动频率的化学键振动吸收，便可产生红外光谱图。本实验使用傅里叶变换红外吸收光谱仪（FTIR）对铜尾矿地质聚合物进行分析，对地质聚合物中的分子结构、官能团以及新出现的化学物质进行分析，探讨铜尾矿在地质聚合反应过程中的反应机理。

3.4 铜尾矿基本特性分析

我国铜矿资源丰富，种类繁多，且多为伴生矿。铜尾矿的矿物组成及化学组成十分复杂，不同地区的铜尾矿其组成成分及伴生元素种类含量也具有非常大的差异。铜尾矿中主要元素分布为 Ca、Mg、Cu、Fe、Pb、Mn、As 等，矿物成分主要为石英、长石、方解石、白云石、黄铜矿、黄铁矿等，但多数尾矿中均含有较多的 SiO_2、Al_2O_3 以及 $CaCO_3$。

本实验所用的铜尾矿材料取自云南某尾矿库。采集后的铜尾矿材料在实验室经干燥箱 105℃，24h 的条件下烘干后，放置于阴凉干燥环境处，便于后续实验处理。图 3-4 为现场采样及样品图片。

a

b

c

图 3-4 现场采样及样品

a，b—采样现场；c—铜尾矿样品图片

3.4.1 粒度分析

采用激光粒度仪对铜尾矿进行粒度分析，分析结果如表 3-4 所示。

表 3-4 铜尾矿平均粒径

平均粒径	D10	D20	D30	D40	D50	D60	D70	D80	D90	D100
尺寸/μm	12.62	39.91	63.25	89.34	112.47	141.59	178.25	220.40	282.51	447.74

表 3-4 中 D10、D20、…、D100 表示的是在颗粒累积分布曲线中累积分布为 10%、20%、…、100% 时最大颗粒的等效粒径。D50 表示粒径小于它的颗粒累积分布占 50% 点的颗粒直径，为分布中的平均粒径。从表 3-4 可看出，此铜尾矿的平均粒径为 112.47μm，边界粒径（D10，D90）=（12.62，282.51）即粒径小于 12.62μm 的颗粒占到 10%，粒径小于 282.51μm 的颗粒占到 90%。而离散度 $\dfrac{D90-D10}{D50}$ 表示颗粒的不均匀程度，铜尾矿的离散度为 $\dfrac{282.51-12.62}{112.47}=2.40$，离散程度较小，表明铜尾矿粒度分布较均匀。

图 3-5 为铜尾矿粒径分布图。从图 3-5 铜尾矿粒径分布图可以看出，铜尾矿粒径小于 10μm 的颗粒数约占颗粒总数的 10%，颗粒粒径小于 100μm 的约占颗粒总数的 45%。铜尾矿中粒径主要集中在 120μm 附近，大于 280μm 的颗粒约占 10%，而 280~470μm 的颗粒仅占 10%，说明虽然铜尾矿离散程度较小，但颗粒粒径极差值比较大。

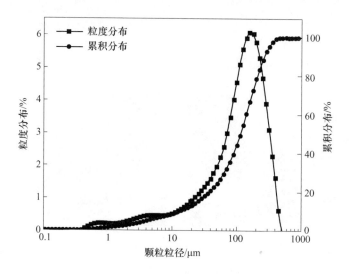

图 3-5 铜尾矿粒径分布图

3.4.2 形貌分析

本实验采用扫描电子显微镜（SEM）对铜尾矿进行相貌分析，其型号为 Nova-Nano450。铜尾矿的 SEM 分析如图 3-6 所示。

图 3-6 铜尾矿原样 SEM 图

a—1000×；b—3000×；c—5000×；d—10000×

从图 3-6 铜尾矿原样 SEM 可以看出，尾矿经放大 1000 倍及 3000 倍后颗粒大小不一，分布明显不均，且大颗粒表面较为粗糙。放大至 5000 倍后，大颗粒周围分布有一定数量的小颗粒且形状不一，但表面相对光滑，这对实验中 Si、Al 的浸出产生不利影响，这一现象在 10000 倍条件下观察的尤为突出。

3.4.3 成分分析

本实验所用的 X 射线荧光光谱分析仪及型号为赛默飞 3600。通过分析所得到的铜尾矿化学成分如表 3-5 所示。

表 3-5　铜尾矿化学成分

化学成分	SiO_2	CaO	MgO	Al_2O_3	Fe_2O_3	K_2O	MnO	TiO_2	Na_2O
含量(质量分数)/%	38.75	28.94	13.78	8.75	5.07	2.57	0.72	0.7	0.23

从表 3-5 可以看出，该铜尾矿属于高硅高钙低铝材料，主要化学成分为 SiO_2、CaO、MgO 和 Al_2O_3。而 Si、Al 及 Ca 则是碱激发胶凝材料制备的关键元素。

3.4.4　结构分析

本实验所使用的 XRD 型号为 Ultima Ⅳ，将铜尾矿研磨过 0.074mm（200 目）筛后进行 XRD 实验分析。通过 Jade 软件分析铜尾矿 XRD 图谱可得到图 3-7。从图 3-7 可知铜尾矿的主要矿物组成为白云石（$CaMg(CO_3)_2$）和石英（SiO_2）。

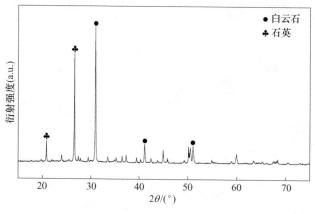

图 3-7　铜尾矿 XRD 图

3.5　煤矸石基本特性分析

我国的煤炭地理分布格局为西北较为富裕，东南相对贫瘠，从而煤矸石的岩石组成及各成分含量也均有不同。煤矸石矿物成分比较复杂，主要由黏土矿物（高岭土、伊利石、蒙脱石、勃姆石）、石英及碳质组成。根据煤炭组分及采煤技术的不同，最后煤矸石的热值也会存在差异，煤矸石的热值一般在 4200 ~ 8400J/kg。同时，煤矸石中的 Cr、As、Ni、Cu、Cd、Pb 等重金属元素较高，易对周围生态环境造成一定的破坏。

本实验所用的煤矸石来自云南鹤庆某煤矿，在实验室经破碎机破碎，置于干燥箱 105℃，24h 的条件下烘干后过 0.18mm（80 目）筛，放置阴凉干燥处，方便后续实验进行。

3.5.1 形貌分析

煤矸石原样的扫描电子显微镜分析结果如图 3-8 所示。从图 3-8 可以看出，尾矿经放大 1000 倍及 3000 倍后颗粒大小不一，分布明显不均，且存在较多类似圆形的颗粒。从高倍数图可以看出，大部分颗粒直径在 10~50μm 内，且颗粒表面光滑；除了类似圆形的颗粒，还有少部分形状并不规则的颗粒，表面虽不平滑，但具有一定的整体性，对颗粒内硅、铝浸出有一定的困难性，从而对其活性造成一定的影响。

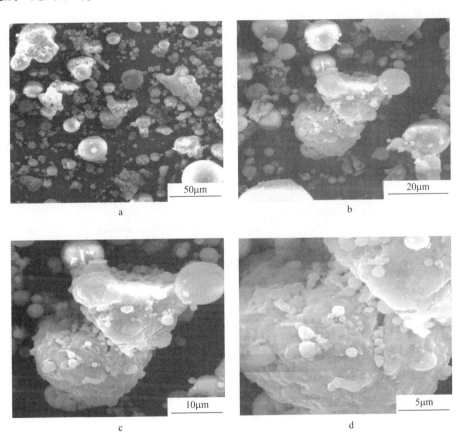

图 3-8 煤矸石原样 SEM 图
a—1000×；b—3000×；c—5000×；d—10000×

3.5.2 成分分析

通过分析所得到的煤矸石化学成分如表 3-6 所示。

表 3-6　煤矸石化学成分

化学成分	SiO_2	Al_2O_3	Fe_2O_3	TiO_2	CaO	K_2O	SO_3	P_2O_5	MgO
含量(质量分数)/%	45.49	32.75	9.5	5.44	1.57	1.55	0.91	0.83	0.78

从表 3-6 可以看出，该煤矸石属于高硅高铝低钙材料，主要化学成分为
SiO_2、Al_2O_3、Fe_2O_3 和 TiO_2。相比铜尾矿，其 Si、Al 含量更高，且 Ca 含量较
低。可对铜尾矿中的 Si、Al 含量进行互补，有效改变铜尾矿中硅铝比
（$n(SiO_2)/n(Al_2O_3)$）。

3.5.3　结构分析

图 3-9 为煤矸石 XRD 图谱。

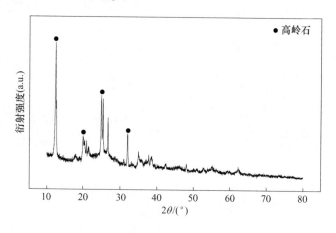

图 3-9　煤矸石 XRD 图谱

从图 3-9 可以看出，煤矸石的主要矿物组成为高岭石（$Al_4[Si_4O_{10}](OH)_8$），
高岭石作为偏高岭土的原料，常用作陶瓷原料、造纸原料、合成沸石分子筛等。
而偏高岭土中的硅铝酸盐矿物成分对胶凝材料的形成起着关键的作用。

3.6　粉煤灰基本特性分析

3.6.1　形貌分析

粉煤灰原样的扫描电子显微镜分析结果如图 3-10 所示。从图 3-10 可以
看出，尾矿经放大 1000 倍及 3000 倍后颗粒大小不一，分布明显不均，存在
大部分圆形的颗粒。从高倍数图可看出，部分颗粒表面光滑，但是也存在一
些形状并不规则的颗粒，这将对后期胶凝材料的制备，如硅、铝浸出等会有
一定的影响。

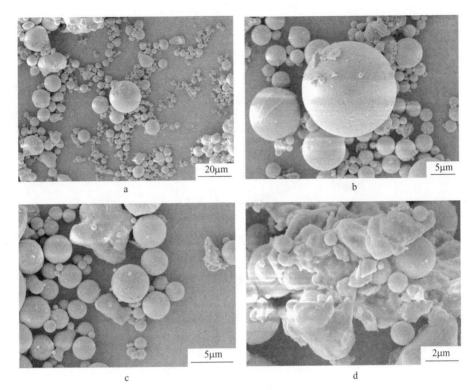

图 3-10 粉煤灰原样 SEM 图

a—1000×；b—3000×；c—5000×；d—10000×

3.6.2 成分分析

通过分析所得到的粉煤灰化学成分如表 3-7 所示。

表 3-7 粉煤灰化学成分

化学组成	SiO_2	Al_2O_3	Fe_2O_3	CaO	K_2O	TiO_2	MgO	P_2O_5	SO_3
含量（质量分数）/%	55.40	32.39	3.39	2.82	1.87	1.47	0.75	0.72	0.46

从表 3-7 可以看出，该粉煤灰属于高硅高铝低钙材料，主要化学成分为 SiO_2、Al_2O_3、Fe_2O_3 和 CaO。相比铜尾矿，其 Si、Al 含量更高，且 Ca 含量较低；相比煤矸石，其 Si 含量更高。可与铜尾矿、煤矸石等中的 Si、Al 含量进行互补，有效改变铜尾矿中硅铝比（$n(SiO_2)/n(Al_2O_3)$）。

3.6.3 结构分析

图 3-11 所示为粉煤灰 XRD 图谱。

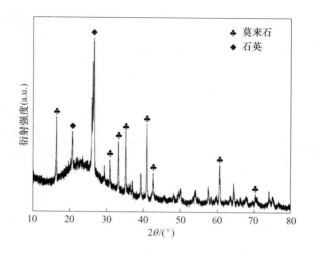

图 3-11   粉煤灰 XRD 图谱

从图 3-11 可以看出，粉煤灰的主要矿物组成为石英和莫来石，其中的硅铝酸盐矿物成分对铜尾矿基胶凝材料的形成起着关键的作用，后期煅烧温度的改变也会促使其形态的转化，从而影响胶凝材料性能。

3.7   偏高岭土基本特性分析

3.7.1   成分分析

本书所使用的偏高岭土购于河南辰义耐材磨料有限责任公司。该偏高岭土是以高陵矿石为原料，经过选矿—破碎—磨矿—煅烧等工序制作而得，是一种具有极高火山灰活性的外观呈褐红色粉末状的物质，其主要成分为无定型的 Al_2O_3 和 SiO_2，细度小于 $20.3\mu m$（1250 目），活性指数在 110 以上，偏高岭土的主要化学成分见表 3-8。

表 3-8   偏高岭土的主要化学成分

成分	SiO_2	Al_2O_3	Fe_2O_3	TiO_2	CaO	K_2O	MgO	Na_2O
含量（质量分数）/%	48.89	46.09	2.00	1.94	0.398	0.198	0.193	0.073

由表 3-8 可以看出，偏高岭土的主要成分是 Al_2O_3 和 SiO_2，其中 SiO_2 的含量为 48.89%，Al_2O_3 的含量为 46.09%，说明本实验所用的偏高岭土是一种富含硅铝质的材料，并且其中还富含参与地质聚合反应的 $[AlO_4]$，因此将该偏高岭土与铜尾矿混合后制备地质聚合物，通过调节偏高岭土的掺量，可以制备出性能优异的地质聚合物。

3.7.2 结构分析

通过 X 射线衍射仪对偏高岭土做 XRD 分析，其图谱如图 3-12 所示。

由图 3-12 可以看出，偏高岭土中同样含有少量的结晶物质，其主要为石英、高岭石以及蒙脱石等，在图谱中可以明显看出有大量的弥散宽峰，说明偏高岭土中含有大量非晶态的活性组分，为地质聚合反应提供了必要的条件。

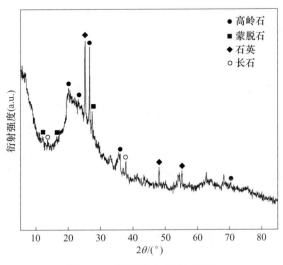

图 3-12 偏高岭土 XRD 图谱

3.8 本章小结

在铜尾矿及煤矸石基本特性研究中发现，铜尾矿的平均粒径为 $112.47\mu m$，边界粒径（D10，D90）=（12.62，282.51），离散程度较小，分布较均匀且颗粒表面相对光滑；其主要矿物组成为白云石（$CaMg(CO_3)_2$）、石英（SiO_2），属于高硅高钙低铝材料，主要化学组成为 SiO_2、CaO、MgO 和 Al_2O_3。煤矸石属于高硅高铝低钙材料，主要化学组成为 SiO_2、Al_2O_3、Fe_2O_3 和 TiO_2；其主要矿物组成为高岭石（$Al_4[Si_4O_{10}](OH)_8$），两者颗粒表面都相对光滑，所以以对其活性即硅、铝浸出有所影响。偏高岭土中同样含有少量的结晶物质，其主要为石英、高岭石以及蒙脱石等。

4 铜尾矿-煤矸石复合胶凝材料的制备及研究

4.1 铜尾矿/煤矸石热活化研究

铜尾矿属于低活性硅铝酸盐类固体废物，并不像矿渣、钢渣、粉煤灰等活性材料具有较高活性。目前对铜尾矿活化及其系统性的研究较少，现有的活化方式主要集中在机械活化、热活化及少量复合热活化。机械活化是通过手动研磨或机械粉磨增大比表面积、优化颗粒分布、增大密度，从而提高尾矿活性，但活性提高程度并不大。热活化是通过高温煅烧改变尾矿中物质组分，将铜尾矿中的黏土类物质如白云石进行分解，生成具有一定活性的氧化铝和氧化硅，从而提高活性，相比机械活化此方法对尾矿的活化程度更高。复合热活化是通过在尾矿中添加氢氧化钠、氢氧化钙等物质并混合，在煅烧过程中高温协同碱类物质改变尾矿物质结构并发生化学变化，从而提高尾矿活性。本书主要采用热活化方式提高铜尾矿活性。

煤矸石主要由黏土类矿物及水云母类矿物组成，这些矿物组分相对稳定，使其本身活性较低，导致煤矸石利用率低。而煤矸石的活性决定着其在建材原料和化工制品中的重要性能。将煤矸石在高温条件下进行煅烧，使其结构及组分发生变化，特别是将硅氧四面体和铝氧四面体形成短链、无序且不稳定的玻璃相结构，从而提高了煤矸石中活性氧化硅及氧化铝的含量，以达到活化的目的。

以经过干燥预处理的铜尾矿/煤矸石为实验原料，将其直接放入马弗炉中，从常温升至目标温度，并保温 120min，保温时间完毕后待马弗炉温度降至室温后取出，并密封保存，避免空气中的水分对其产生影响。本实验将铜尾矿/煤矸石热活化煅烧温度作为影响因素，煅烧温度分别为 400~900℃、400~800℃，温度区间为 100℃。煅烧后铜尾矿/煤矸石通过碱溶液浸出实验分析其硅、铝离子的浸出浓度，碱溶液浸出实验流程如图 4-1 所示，同时对煅烧后铜尾矿及煤矸石进行 SEM、XRD、FTIR 分析，分析铜尾矿及煤矸石在煅烧热活化前后的物相及组成变化。

4.1.1 铜尾矿/煤矸石热分析

同步热分析是将热重分析 TG 与质量变化率 DTG 结合为一体，在同一次测量

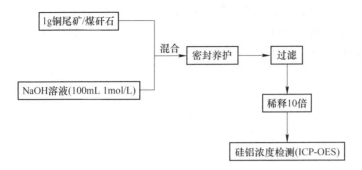

图 4-1 铜尾矿/煤矸石碱溶浸出（活性表征）实验流程图

中利用同一样品可同步得到热重与失重速率。热分析在原材料分析及胶凝材料制备过程中得到广泛的应用，能够了解其温度变化的范围，为确定铜尾矿/煤矸石活化处理的温度提供实验依据。铜尾矿及煤矸石热分析如图 4-2、图 4-3 所示。

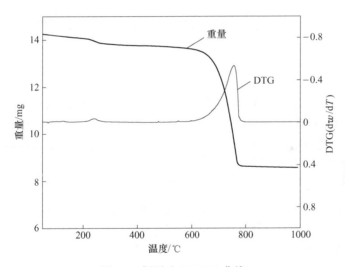

图 4-2 铜尾矿 TG-DTG 曲线

从图 4-2 铜尾矿 TG-DTG 曲线可以看出，铜尾矿在 0～800℃ 加热过程中，保持持续失重的状态，在 800～1000℃ 区间尾矿重量基本已经稳定。在 100℃ 左右，尾矿重量缓慢减少，是因为铜尾矿中的吸附水吸热蒸发且吸附水含量较低。在 230℃ 左右，DTG 曲线有一个明显的放热峰，是铜尾矿中残留的少量有机物燃烧所导致的结果。当温度从 300℃ 升至 600℃ 的过程中，铜尾矿重量依然在缓慢减少，此过程是因为尾矿中少量硅酸盐类及部分 α 石英晶体结构发生分解。600～800℃ 是明显的失重区间，这个温度区间的失重率大约为 37%，从前面的铜尾矿中主要物相分析发现，铜尾矿中主要物相组成为石英及白云石，此温度区间为 β

石英及白云石的分解。通过铜尾矿的 TG-DTG 曲线分析，本实验确定铜尾矿热活
化的温度区间为 400~800℃，这一现象与施麟芸对铜尾矿的研究相似，热处理温
度范围在 800℃左右。

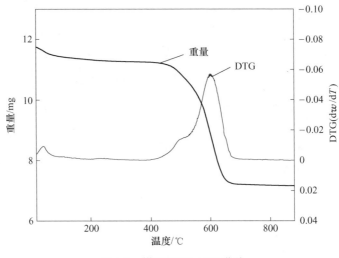

图 4-3 煤矸石 TG-DTG 曲线

从图 4-3 煤矸石 TG-DTG 曲线可以看出，煤矸石在加热过程中，处于持续失
重状态，达到 700℃后趋于稳定。在 100℃左右出现了一定的失重，是因为煤矸
石中的吸附水吸热蒸发；在 200~450℃之间出现不明显的失重，这是由于样品中
的部分有机质燃烧造成的；在 450~700℃之间出现了明显的失重，此温度区间失
重量占总量的 35%，是因为大部分有机质燃烧及硅铝酸盐类矿物失去结晶水，同
时晶格遭到破坏。通过煤矸石的 TG-DTG 曲线分析，本实验确定煤矸石热活化的
温度区间为 400~800℃，与刘园园对徐州夹河煤矸石进行活化发现最佳活化温度
为 650℃的结果相似。

4.1.2 热活化铜尾矿/煤矸石物相变化

图 4-4 为不同温度煅烧铜尾矿的 XRD 图谱分析。从图中可知，不同温度煅
烧及原铜尾矿的各物相的衍射峰尖锐清晰，说明铜尾矿包括煅烧以后的各物相结
晶程度较高。比较分析可知，白云石在煅烧过程中逐渐分解，特别是当温度达到
800℃后，白云石的衍射峰消失，表面白云石逐渐分解且向方解石转变；石英在
煅烧过程中其衍射峰有所降低，这是因为随着温度的提高，α 石英及部分 β 石英
逐渐分解。通过上述分析可以得出，铜尾矿应在 700℃以上煅烧活化效果较好。

图 4-5 分别为经不同温度煅烧后的 XRD 图谱。与未煅烧煤矸石相比，400℃
煅烧后各衍射峰变化不大，主要还是以高岭土和石英为主的硅铝酸盐类矿物。从

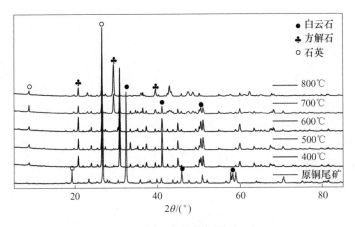

图 4-4 不同温度煅烧铜尾矿 XRD

500℃开始煤矸石中的某些高岭土衍射峰开始消失，表明结构中的大量羟基开始脱失，晶面结构发生变化，产生无定形的物质。随着温度的升高，偏高岭土的衍射峰逐渐增多，且莫来石和方石英的衍射峰也逐渐形成，这与侯玲艳对煤矸石活化的结果相似，其结果表明在 900℃时有莫来石和非晶质二氧化硅形成。通过上述分析可以得出，煤矸石应在 600℃以上煅烧活化效果较好。

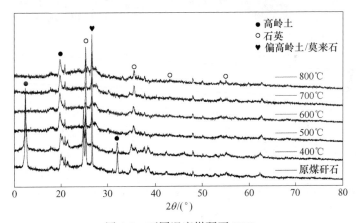

图 4-5 不同温度煤矸石 XRD

图 4-6 是在煅烧温度为 800℃条件下煅烧 120min 后的铜尾矿的 SEM 图。从铜尾矿放大 1000× 与煅烧前相比，煅烧后的铜尾矿表面更加粗糙，结构也比较疏松，颗粒不再棱角分明，而是变得模糊，这一点在 5000× 与 10000× 的图中表现的更加明显。上述表明晶体特征减弱，证明铜尾矿在煅烧过程中发生了结构及物相的变化，同时疏松的结构更利于 Si、Al 在碱性环境下的浸出，从而提高其胶凝活性。

图 4-6 铜尾矿 800℃煅烧 SEM 图
a—1000×；b—3000×；c—5000×；d—10000×

图 4-7 是在煅烧温度为 800℃条件下煅烧 120min 后的煤矸石 SEM 图。与之前未煅烧的煤矸石相比，从 1000×可看出，煅烧后的煤矸石结构疏松，并具有一定的光泽性且不规则颗粒表面比较粗糙。同朱蓓荣的研究较为相似，也进一步证实了煤矸石煅烧后其结构发生变化的推论，同时因为在高温煅烧过程中伴有组分的挥发，结构膨胀，形成了多微孔、多断键，更有利于 Si、Al 在碱性环境下的浸出，从而提高其活性。

从图 4-8 铜尾矿热活化 FTIR 图分析可得，煅烧后的铜尾矿在 500cm^{-1}、900cm^{-1}、2600cm^{-1} 及 3000cm^{-1} 波段附近有所改变。2500~4000cm^{-1} 波段为吸附水或层间水（—OH）伸缩振动峰；1500~2000cm^{-1} 为"双键区"，Si(Al)—O—Si 非对称伸缩振动特征谱带；小于 1500cm^{-1} 为"单键区"，主要为 Si—O 键和 Al—O 键的结构变化。500cm^{-1}、900cm^{-1}、1750cm^{-1} 波段的特征峰变化较大，表面 Si、Al 与 O 的单双建变化较大。上述分析表明经过煅烧活化后，铜尾矿中 Si—O 键和 Al—O 键的键结构及键能有了明显的变化，有利于 Si、Al 在碱性环境

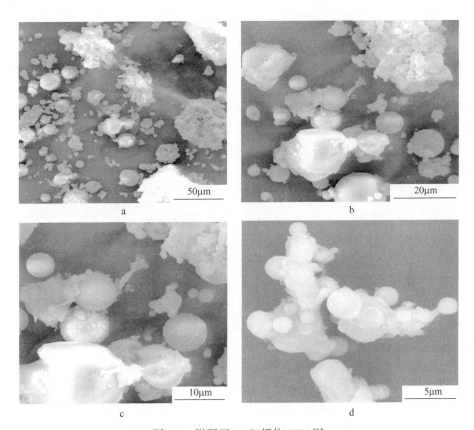

图 4-7 煤矸石 600℃ 煅烧 SEM 图

a—1000×；b—3000×；c—5000×；d—10000×

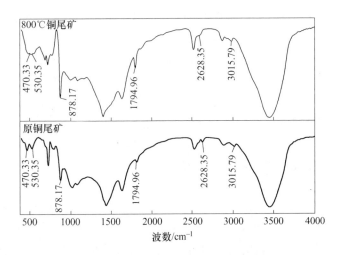

图 4-8 铜尾矿 800℃ 热活化 FTIR 图

下的浸出，从而提高其胶凝活性。

从图4-9煤矸石热活化FTIR图分析可得，煅烧后的煤矸石在3400cm⁻¹、3700cm⁻¹、500cm⁻¹、800cm⁻¹波段附近有所改变。3400cm⁻¹及3700cm⁻¹波段伸缩振动是由于煤矸石中$Al_2O_3 \cdot 2SiO_2 \cdot 2H_2O$的结构水及层间水振动形成；500cm⁻¹波段伸缩振动不明显，但能够表明煤矸石中的羟基水已完全脱除；从600~1000cm⁻¹波段伸缩振动明显，表明Si—O—Si键及Al—O—Si键以及一些Si—O、Al—O单键形成。硅氧及铝氧双键及单键的形成有利于Si、Al在碱性环境下的浸出，从而提高其胶凝活性。

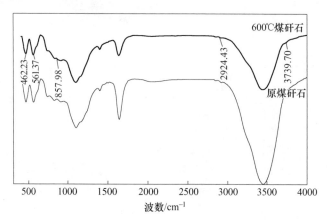

图4-9　煤矸石600℃热活化FTIR图

4.1.3　热活化铜尾矿/煤矸石活性表征

从图4-10可以看出，原铜尾矿中的硅、铝浸出浓度较低，硅的浸出浓度为21.38mg/kg，铝的浸出浓度为4.45mg/kg，即原铜尾矿的活性较低，对胶凝材料的性能有较大的影响，需要通过一定的活化过程提高其硅、铝浸出浓度。通过对铜尾矿的煅烧活化，硅、铝浸出浓度都有相应的提高，特别是硅浓度提高显著，且随着温度的提升，其浸出浓度也得到了相应的增加；由于铜尾矿中铝的成分较低，当温度在400~600℃时，其铝浸出浓度相比煅烧前少了2~3mg/kg，当温度达到800℃时，其铝浸出浓度提升较高，可能是由于铜尾矿本身含铝成分较少，导致浸出的铝浓度相对也比较低。当温度为800℃时，硅的浸出浓度为38.42mg/kg，铝的浸出浓度为7.32mg/kg，相比煅烧前分别提高了79.70%和64.49%。

上述结果与张振对某铜尾矿热活化研究的结果并不完全相同，如在600℃条件下，煅烧时间为2h后铜尾矿活性最高，硅、铝浸出浓度分别为57mg/kg、22.4mg/kg，比上述结果高出0.5~1倍左右。通过分析发现，主要是由于铜尾矿产地不同，其组成成分与结构也不相同，文献中所用铜尾矿属于高硅高铝低钙

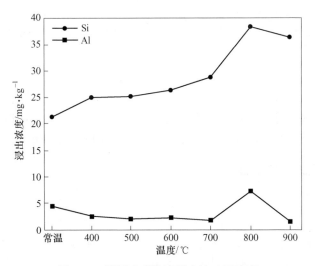

图 4-10 铜尾矿碱溶液浸出液硅铝浓度

型，所以其硅、铝浸出浓度更高，同时其最适宜煅烧温度相比也较低。

从图 4-11 可以看出，原煤矸石中的硅、铝浸出浓度较低，硅的浸出浓度为 36.8mg/kg，铝的浸出浓度为 9.27mg/kg，即原煤矸石的活性较低。整体上看，硅、铝的溶出特性十分相似，随着煅烧温度的不断提高，硅、铝浸出浓度也不断增长。当温度达到 600℃时，硅、铝的浸出浓度达到最大，分别为 301.6mg/kg，342.3mg/kg，相比原煤矸石分别提高了 7 倍及 35 倍，这是因为 600℃时煤矸石中的晶面被破坏，六配位的铝氧、硅氧多面体结构向四配位的铝氧、硅氧多面体结

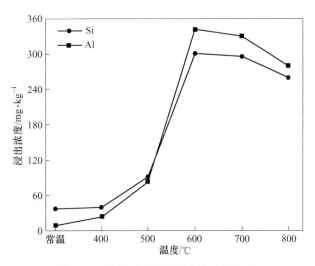

图 4-11 煤矸石碱溶液浸出液硅铝浓度

构转化。但当煅烧温度达到并高于 700℃ 时，硅、铝的浸出浓度呈下降趋势，是由于随着温度的升高，莫来石等新的物相使得活性硅铝离子含量降低，从而导致溶出量降低。

热处理可破坏煤矸石结构中的 Si—O 和 Al—O 键，激发煤矸石的潜在活性，其活性主要来源于 $Al_2O_3 \cdot 2SiO_2 \cdot 2H_2O$，经过煅烧后生成大量活性 Al_2O_3 和无定型 SiO_2。李永峰等也通过煅烧直接提高了煤矸石的活性，当煅烧温度为 700℃ 时，活性硅、铝的溶出量分别为 21.2mg/kg 和 1.79mg/kg。

4.2   复合胶凝材料的制备

通过对铜尾矿及煤矸石的热活化研究，分析了其在高温活化前后的改变，确定了铜尾矿及煤矸石的活化范围。本章主要为制备铜尾矿-煤矸石复合胶凝材料：以铜尾矿为主要研究对象，探究碱激发剂种类（氢氧化钠/钾、液态水玻璃）、水玻璃掺量、水玻璃模数、煤矸石掺量、不同温度煅烧煤矸石对铜尾矿碱激发胶凝材料强度的影响，并通过响应曲面法确定铜尾矿碱激发胶凝材料的最优配比。

4.2.1   实验部分

4.2.1.1   实验材料

（1）以经过热活化处理的铜尾矿及煤矸石作为碱激发胶凝材料的制备原料。

（2）去离子水作为制备水玻璃溶液、溶解激发剂及制备胶凝材料净浆的溶剂。

（3）以液态水玻璃及氢氧化钠作为碱激发剂，水玻璃模数为 3.3，SiO_2 含量为 27.3%，Na_2O 含量为 8.54%。氢氧化钠除了单独作为碱激发剂外，还可添加至液态水玻璃中调节水玻璃模数，从而获得适宜模数的水玻璃。

4.2.1.2   实验仪器

实验仪器见表 4-1。

表 4-1   实验仪器

设备及仪器	型 号	厂 家
万能试验机	WEW-600B	绍兴市肯特机械电子有限公司
标准养护箱	A 型	绍兴市上虞立明仪器制造有限公司
干燥箱	202-2AB	天津泰斯特公司
电子天平	ESJ200-4B	沈阳龙腾电子有限公司
塑胶模具	20mm×20mm×20mm	蒲江县凯越硅胶制品厂

4.2.1.3   实验步骤

铜尾矿胶凝材料的制备及分析主要分为四个部分：制备浆体、成型养护、脱模静置和强度测试。

（1）制备浆体。

1）取一定质量的活化后的铜尾矿置于混合容器中；若需掺入煤矸石，则按一定比例加入活化后的煤矸石。

2）取一定质量的氢氧化钠/液态水玻璃溶于去离子水，搅拌均匀至无固体物质并放置 3min 使其温度降至室温，制得碱激发剂；取一定体积的液态水玻璃，通过添加氢氧化钠及去离子水改变水玻璃模数，制得复合碱激发剂。

3）将碱激发剂与铜尾矿或铜尾矿-煤矸石复合粉体混合，搅拌 5min，使激发剂与粉体混合均匀。

（2）成型养护。

1）将上述混合均匀后的浆体倒入 20mm×20mm×20mm 的塑料模具中，在平台区域手动振动，使浆体中的气泡跑出。

2）待浆体初步稳定后，将模具放入标准养护箱中养护 48h，养护条件温度为 50℃、湿度为 90%。

（3）脱模静置。达到养护时间后，将模具从养护箱中取出并脱模，将固化体置于干燥常温状态下继续养护 28d，待测。

（4）强度测试。抗压强度作为水泥类试验品的首要指标，对胶凝材料同样如此，只有先达到抗压强度这一要求，才考虑其他方面的测试及应用。抗压强度是指材料在单位面积上所能承载的最大重量，计算公式为 $MPa = F/A$（F 为材料所承受的总力，MPa 表示其在单位面积上所承受的最大负荷，A 为材料与设备接触面的面积，mm^2）。根据《水泥胶砂强度检验方法（ISO 法）》（GB/T 17671—1999）对固化体进行抗压强度测试。图 4-12 为铜尾矿-煤矸石复合胶凝材料制备流程图。

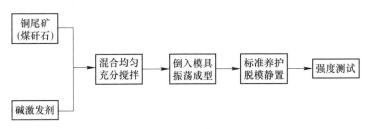

图 4-12　铜尾矿-煤矸石复合胶凝材料制备流程

4.2.2　碱激发剂对胶凝材料的影响

将尾矿、矿渣、粉煤灰等资源化利用制备胶凝材料时，碱性激发剂是必不可少的试剂，常用的碱激发剂包括：氢氧化钠、氢氧化钾、水玻璃、碳酸钠等。碱激发剂的共同特点是其溶液呈碱性，当碱性偏弱时，原材料的活性不能很好的被激发出来；碱性偏强时，原材料的活性能够很好的被激发，所制备的碱激发胶凝材料性能也会更好。

4.2.2.1　碱激发剂种类对胶凝材料的影响

本实验以氢氧化钠、氢氧化钾、液态水玻璃为碱激发剂活化 800℃ 铜尾矿，考查其对碱激发材料的影响。选择氢氧化钠/钾掺量为 8%、10%、12%、14%、16%，液态水玻璃（模数为 3.3，SiO_2 含量为 27.3%，Na_2O 含量为 8.54%）掺量为 10%、20%、30%、40%、50%，液固比为 0.3。

碱激发剂种类对铜尾矿胶凝材料抗压强度的影响如图 4-13 所示。由图可知，随着碱激发剂掺量的增加，胶凝材料的抗压强度都是先增加后降低的过程。对比上述三种碱激发剂，液态水玻璃相比氢氧化钾和氢氧化钠效果更好，而氢氧化钾和氢氧化钠对煅烧铜尾矿的活化能力较弱，抗压强度较低，提升效果不明显。碱激发剂水玻璃的增加，使浆体体系中的碱含量也增加，有利于铜尾矿中的硅铝成分溶出。当水玻璃掺量为 30% 时，抗压强度最高，但当液态水玻璃掺量继续提高时，使得浆体中过量的可溶性活性硅增加，先溶出的硅铝组分与溶液中的活性硅发生聚合反应，在原材料颗粒表面覆盖一层凝胶，不利用原料中的硅铝组分进一步溶出，导致胶凝材料的抗压强度降低的情况。

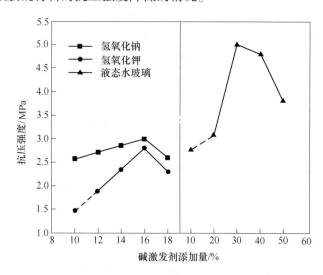

图 4-13　碱激发剂种类及掺量对抗压强度（28d）的影响

在利用水玻璃作为碱激发剂制备胶凝材料时，激发机理如下：
首先是玻璃体的水化作用，释放出部分 OH^-，反应式如式（4-1）所示：
$$2Na_2O \cdot nSiO_2 + 2(n+1)H_2O \longrightarrow nSi(OH)_4 + NaOH \longrightarrow$$
$$nSiO_2(活性) + 2nH_2O + NaOH \tag{4-1}$$

此时，溶液中的 OH⁻ 作用与尾矿，使得 Ca—O 及 Mg—O 键断裂，溶出 Ca^{2+} 和 SiO_4^{4-} 离子，随着 Ca^{2+} 浓度增大、扩散能力增大，与活性 SiO_4^{4-} 发生反应，生成 C-S-H 凝胶，反应式如式 (4-2) 所示：

$$SiO_2(活性) + Ca(OH)_2 \longrightarrow CaO \cdot SiO_2 \tag{4-2}$$

最后，C-S-H 凝胶逐渐形成，逐渐填充于浆体中，使得浆体中离子迁移速度、反应速度变慢，整个体系的水化率降低，反应逐渐趋于平衡。

4.2.2.2 水玻璃模数对胶凝材料的影响

通过向液态水玻璃中添加氢氧化钠改变其模数，即复合激发剂。选择水玻璃的模数为 1.2、1.6、2.0、2.4、2.8，其他实验条件为：液固比为 0.3，水玻璃掺量为 30%。

从图 4-14 水玻璃模数对碱激发胶凝材料抗压强度的影响可以看出。随着水玻璃模数的增加，抗压强度的变化为先升高后降低，且在模数为 1.6 时抗压强度最高，达到 11MPa；当模数增加时，抗压强度逐渐降低。当模数低于 1.6 时，随着模数的升高溶液的碱性逐渐减小，但碱度依然很大，有助于硅铝组分从原料中溶出，所以胶凝材料的强度处于逐渐增强的过程。当模数为 2.0 ~ 2.8 时，溶液中碱度相对降低，不利于铜尾矿中的硅铝组分溶出，导致固化体抗压强度降低。

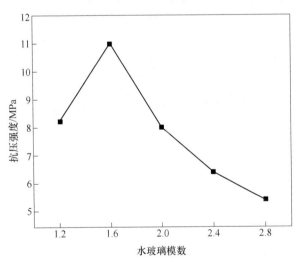

图 4-14 水玻璃模数对抗压强度 (28d) 的影响

水玻璃模数的降低即掺入 NaOH 时，改变了溶液中 SiO_2、Na_2O 比例。在强碱溶液中，铝硅酸盐矿物发生式 (4-3) 的反应：

$$Al_2O_3 \cdot 2SiO_2 + OH^- \longrightarrow Al(OH)_4^- + OSi(OH)_3$$
$$OSi(OH)_3 + OH^- \longrightarrow (OH)_2SiO_2^{2-} + H_2O$$
$$(OH)_2SiO_2^{2-} + OH^- \longrightarrow (OH)_2SiO_3^{3-} + H_2O \tag{4-3}$$

经碱激发溶出的 Si、Al 离子，主要以配合物 Al(OH)$_4^-$、(OH)$_2$SiO$_2^{2-}$、(OH)$_2$SiO$_3^{3-}$ 和其他硅酸盐低聚物阴离子存在。当水玻璃或氢氧化钠过多时，产生的 Na$_2$SiO$_3$ 会在养护过程中残留下来，形成 Na$_2$SiO$_3$·9H$_2$O，延缓固化体的固化时间，并在固化体内部形成不稳定结构，降低固化体的整体性，从而导致固化体抗压强度降低。

4.2.3   煤矸石对胶凝材料的影响

煤矸石中含有大量的高岭土成分，相比铜尾矿在活化后能够产生更多的硅铝活性成分。通过在铜尾矿中添加高温煅烧后的煤矸石，增加铜尾矿体系中的硅铝含量和改变体系中的硅铝比，从而提高了铜尾矿胶凝材料的性能。

4.2.3.1   煤矸石不同温度煅烧对胶凝材料的影响

将原煤矸石、煅烧温度为 400℃、500℃、600℃、700℃、800℃分别按照质量比例为 30%掺入煅烧温度 800℃的铜尾矿中，其他实验条件为：液态水玻璃掺入量为 30%、模数为 1.6，液固比为 0.3。

从图 4-15 不同煅烧温度煤矸石对铜尾矿胶凝材料的影响可以看出，在铜尾矿中掺入煤矸石后能提高铜尾矿胶凝材料的抗压强度，当掺入 30%煅烧温度为 600℃的煤矸石时，抗压强度达到 17.8MPa；同时抗压强度呈现先增大后降低的趋势，此趋势与煤矸石活化后其活性硅、铝含量呈现正相关，即掺入煤矸石后，提高了铜尾矿复合粉体中活性硅、铝含量，对铜尾矿复合胶凝材料的性能有显著提高。

除此之外，由于经过煅烧的煤矸石处于一种亚稳定状态，内部主要以硅四面

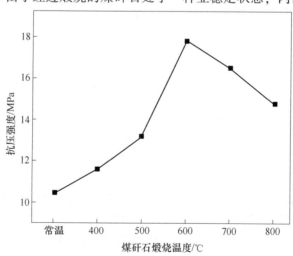

图 4-15   煤矸石煅烧温度对抗压强度（28d）的影响

体、铝四面体及铝配位多面体的形式存在，在碱性溶液的活化激发下，结构中的Si—O—Si、Al—O—Al共价键断裂，硅、铝离子进入溶液中进行重构，形成三维聚合铝酸盐结构，煤矸石的水化产物也是一种类似于碱激发偏高岭土的碱铝硅酸盐凝胶，可以通过调整原料组成成分及结构等，提高铜尾矿胶凝材料的抗压强度。

4.2.3.2 煤矸石掺量对胶凝材料的影响

将煅烧温度为600℃按照质量比例分别为10%、20%、30%、40%、50%掺入煅烧温度为800℃的铜尾矿中，其他实验条件为：液态水玻璃掺入量为30%、模数为1.6，液固比为0.3。

从图4-16煅烧煤矸石掺量对抗压强度（28d）的影响可以看出，抗压强度随煤矸石掺量的增加呈现先增大后降低的趋势，掺量为30%时抗压强度最大，为17.1MPa。在少量掺入煤矸石时，煤矸石中的活性硅、铝组分改变了铜尾矿整体的活性硅、铝含量，提高了铜尾矿复合胶凝材料的抗压强度。这是因为煤矸石活化后在碱激发剂加入后产生了与偏高岭土水化产物相似的碱-硅铝凝胶，同时在煤矸石表面产生水化反应，水化反应消耗了浆体中的 $Ca(OH)_2$，而 $Ca(OH)_2$ 的存在通过在孔隙中生长阻碍了胶凝材料中凝胶的形成。但当煤矸石掺入量过大时即掺量为40%、50%时，抗压强度随即降低，可能原因如下：

（1）煤矸石孔隙率比较高，在胶凝材料水化过程中吸附自由水，从而影响凝胶化水化反应；

（2）同时孔隙率过高导致固化体内部结构不够紧密，影响胶凝材料抗压强度；

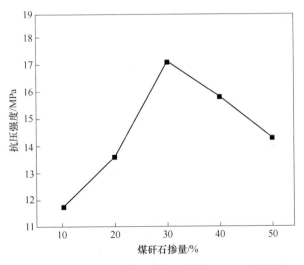

图4-16 煅烧煤矸石掺量对抗压强度（28d）的影响

（3）相比铜尾矿，煤矸石的质地更软，从而过多的煤矸石掺入影响了固化体的整体性能，导致抗压强度的降低。

4.2.4　响应面优化分析

采用 Design-Export 软件对各个响应平面法进行了实验设计与理论分析，建立各因素间相互影响的三维立体图和等高线图，从而构建一个预测的模型。通过对模型的显著性及其失拟项目的稳定性进行检验，其次对该项目进行方差分析，从而能够比较各因素间的影响大小并得到最优实验方案。

4.2.4.1　模型建立及结果分析

在单因素实验的基础上，控制原料为高温 800℃ 煅烧后的铜尾矿及高温 600℃ 煅烧后的煤矸石，采用响应面分析法中的 Box-Behnken Design 建立数学模型，以抗压强度为指标进行优化实验设计，比较各因素影响大小并获得较优的实验配比。选取水玻璃掺量（A）、水玻璃模数（B）、煤矸石掺量（C）设计三因素三水平响应面见表 4-2，实验结果见表 4-3。对表 4-3 结果进行 SAS 软件回归分析，得到二次回归方程为：抗压强度 $= 16.64 + 1.48 \times A - 0.60 \times B + 1.83 \times C - 0.22 \times AB + 0.27 \times AC - 0.77 \times BC - 2.46 \times A^2 - 2.36 \times B^2 - 1.06 \times C^2$。同时，经过二次回归拟合后得到抗压强度回归方程方差分析，结果见表 4-4。

表 4-2　**Box-Behnken Design 因素及水平**

水平/因素	水玻璃掺量（A）/%	水玻璃模数（B）	煤矸石掺量（C）/%
−1	20	1.2	20
0	30	1.6	30
1	40	2.0	40

表 4-3　**Box-Behnken Design 实验设计及结果**

实验	A	B	C	抗压强度/MPa
13	0	0	0	17.3
16	0	0	0	16.1
2	1	−1	0	14.6
11	0	−1	1	15.8
4	1	1	0	12.3
8	1	0	1	16.4
9	0	−1	−1	10.3
3	−1	1	0	8.6
7	−1	0	1	13.2

续表 4-3

实验	A	B	C	抗压强度/MPa
15	0	0	0	16.8
12	0	1	1	14.6
14	0	0	0	16.0
1	−1	−1	0	11.8
6	1	0	−1	12.5
17	0	0	0	17.0
5	−1	0	−1	10.4
10	0	1	−1	12.2

表 4-4 响应面方差分析

方差来源	平方和	自由度	均方	F 值	P 值	显著性
Model	108.81	9	12.09	13.11	0.0013	显著
A	17.41	1	17.41	18.87	0.0034	
B	2.88	1	2.88	3.12	0.1206	
C	26.64	1	26.65	28.89	0.0010	
AB	0.20	1	0.20	0.22	0.6536	
AC	0.30	1	0.30	0.33	0.5848	
BC	2.40	1	2.40	2.60	0.1506	
A_2	25.43	1	25.43	27.57	0.0012	
B_2	23.40	1	23.40	25.37	0.0015	
C_2	4.71	1	4.71	5.10	0.0584	
残差	6.46	7	0.92			
失拟误差	5.16	3	1.72	5.33	0.0699	不显著
纯误差	1.29	4	0.32			
总和	115.16	16				

从表 4-4 可知，该模型的显著性水平 P 为 0.0013，说明所选模型显著程度较高；失拟误差值 $P=0.0699>0.05$，说明失拟没有显著性，该回归方程与实验拟合性较好。通过比较 F 值可以得出，C（煤矸石掺量）$>A$（水玻璃掺量）$>B$（水玻璃模数），表明模型选择相对合理。

4.2.4.2 确定最优配比及验证

如图 4-17 各因素相互作用 3D 曲面图所示，通过将抗压强度作为响应值的各因素相互作用曲面图。从图中可知，该模型显示铜尾矿复合胶凝材料的抗压强度存在最大稳定点。由响应面优化结果可得出，其理论最佳条件及理论结果为：

A(水玻璃掺量)=39%；B(水玻璃模数)=1.55；C(煤矸石掺量)=38%，抗压强度为16.95MPa。在实际操作时去水玻璃掺量为39%、水玻璃模数为1.5、煤矸石掺量为38%，得到抗压强度为17.3MPa，误差值为2%，在合理范围内。

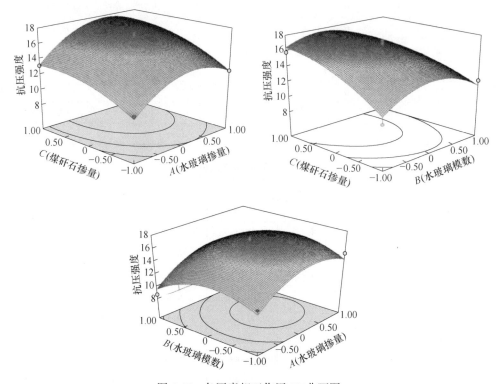

图4-17　各因素相互作用3D曲面图

4.3　复合胶凝材料性能评价及耐性研究

通过对胶凝材料的制备及配料优化等研究发现，仅以力学性能即抗压强度作为胶凝材料的性能表现过于单一，无法体现铜尾矿复合胶凝材料的其他优点及不足。本章将通过研究胶凝材料重金属浸出、胶凝材料微观结构表征、煅烧/抗蚀等研究进一步体现铜尾矿复合胶凝材料性能。

4.3.1　胶凝材料性能评价

4.3.1.1　胶凝材料微观结构表征

通过第4章响应面优化所得到的最优配比，以水玻璃掺量为35%、水玻璃模数为1.5、煤矸石掺量为35%等为条件制备抗压强度最佳的铜尾矿复合胶凝材料，通过XRD、SEM及FTIR等方法分析胶凝材料的微观结构。

如图 4-18 所示，铜尾矿基复合胶凝材料相比原料衍射峰大不相同，表面在物质组成及结构上发生极大的改变，说明铜尾矿及煤矸石中的硅铝酸盐胶凝相发生了变化。而胶凝材料中晶相物质种类减少，铜尾矿及煤矸石原料中的部分石英及白云石虽未完全参与反应，但大部分硅铝酸盐相都发生了溶解—重构—聚合等反应形成较为稳定的胶凝材料。

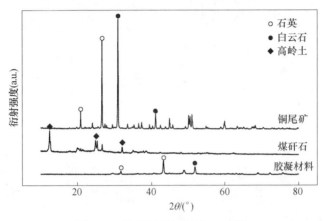

图 4-18　胶凝材料与原料 XRD 图

如图 4-19 所示，将胶凝材料 SEM 图与之前铜尾矿及煤矸石原料 SEM 相比较可看出，胶凝材料颗粒不再是分布均匀的颗粒，而是表面交错，具有一定黏结性的不均匀粒状凝胶产物。且通过高倍数分析可看出，生成的不均匀粒状产物间空隙率较小，这也是胶凝材料具有一定抗压强度的主要因素。

不同的胶凝材料微观结构虽存在差异，但整体而言，结构中棉絮状的凝胶连成一体，同时都能观察到生成 C-S-H 凝胶时干燥后形成的一些孔隙和裂缝，差别仅在宏观表现上有差别，力学性能较强的胶凝材料其内部孔隙或裂缝更小。

从图 4-20 可以看出，胶凝材料 FTIR 图谱与铜尾矿及煤矸石原料的 FTIR 图中振动光谱有显著差异，表明铜尾矿及煤矸石在生成胶凝材料后其化学组成和结构发生较大的变化，在 800cm^{-1} 左右代表 T—O—Si（T 表示 Si、Al）键的不对称伸缩振动，且向低波数移动越来越明显，说明聚合反应较为充分。同时 1010cm^{-1} 左右的峰向高波数移动，表明含硅的高聚物生成，随着胶凝材料固化体的形成，结构中的 3400cm^{-1} 左右的羟基峰逐渐增大，也说明聚合物形成较为充分。

4.3.1.2　胶凝材料重金属浸出

本研究所制备的铜尾矿复合胶凝材料原材料包括了铜尾矿及煤矸石两种大宗固体废物，含有多种重金属元素，对周围环境存在一定潜在威胁。通过对铜尾矿及煤矸石原材料、各因素条件下制备的胶凝材料重金属浸出分析，经 ICP 分析得出如表 4-5 的结果。

图 4-19 胶凝材料 SEM 图

a—500×；b—2000×；c—5000×；d—10000×

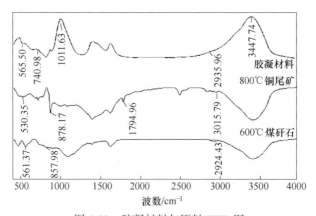

图 4-20 胶凝材料与原料 FTIR 图

表 4-5 原铜尾矿重金属元素浸出

重金属元素	浸出浓度/mg·L^{-1}	危险废物鉴别标准浸出毒性 （GB 5085.3—2007）/mg·L^{-1}
As	4.12	5
Cd	0.35	1
Cr	6.05	15
Cu	371.92	100
Pb	2.84	5
Zn	36.84	100

由表4-5及表4-6可知，通过对原铜尾矿及原煤矸石中As、Cd、Cr、Cu、Pb及Zn重金属的浸出毒性分析，只有原铜尾矿中的 Cu^{2+} 浸出浓度为371.92mg/L，超过危险废物鉴别标准的100mg/L，其他重金属浸出浓度均在标准范围内。

表 4-6 原煤矸石重金属元素浸出

重金属元素	浸出浓度/mg·L^{-1}	危险废物鉴别标准浸出毒性 （GB 5085.3—2007）/mg·L^{-1}
As	0.50	5
Cd	0.003	1
Cr	0.04	15
Cu	1.80	100
Pb	0.05	5
Zn	0.640	100

研究发现碱胶凝材料对有害金属的固化/稳定化机理主要包括物理吸附、包裹作用和化学反应、离子替换作用。此外，也有研究表明，金属离子会参与到胶凝材料的水化反应过程中。

物理作用方式可概括为凝胶化和物理包裹。在胶凝材料反应过程中，无定型的硅铝相物质被碱激发剂水化溶解，随后出现凝胶反应，形成低聚态的凝胶，然后逐渐脱水聚合形成网络状结构。在此过程中，重金属离子被低聚态的凝胶包裹在聚合物内部，防止重金属离子被水等浸出介质接触。

通过 XRD、SEM、FTIR 等测试表征发现，碱胶凝材料固化体在固化 Pb^{2+}、Cu^{2+}、Cd^{2+}、Cr^{3+} 这几种重金属时，这些重金属并未使 $[SiO_4]^{4-}$ 和 $[AlO_4]^{4-}$ 的结构产生变化，而是通过离子平衡作用参与了胶凝材料的形成。

图4-21、图4-22分别为各因素条件下制备的胶凝材料中重金属 Cu^{2+} 的浸出浓度。

如图4-21所示，随着水玻璃掺量的增加，胶凝材料中重金属 Cu^{2+} 的浸出浓

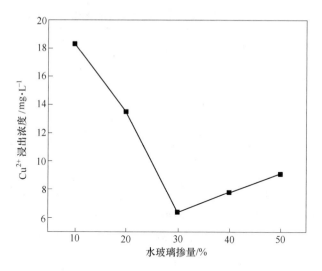

图 4-21   水玻璃掺量对 Cu^{2+} 浸出浓度的影响

度呈现先骤降后缓慢上升的现象，Cu^{2+} 最低及最高浸出浓度分别为 6.4mg/L 和 18.3mg/L，这与水玻璃掺量对胶凝材料抗压强度的影响相似。当水玻璃掺量由 10%加到 30%时，胶凝材料整体抗压强度增加，而较高抗压强度意味着胶凝材料中聚合-重构-固化等反应过程较好，对 Cu^{2+} 的固化程度也越高，这一点从胶凝材料的微观结构中也可看出。但随着水玻璃掺量从 30%逐渐增加后，Cu^{2+} 浸出浓度逐渐升高，主要是因为胶凝材料抗压强度降低，Cu^{2+} 的固化效果也降低。

如图 4-22 所示，当水玻璃模数从 1.2 升到 2.8 时，胶凝材料中重金属 Cu^{2+} 浸出浓度呈现先降低后持续升高的现象，且 Cu^{2+} 最低及最高浸出浓度分别为 4.4mg/L 和 16.5mg/L，与水玻璃模数对胶凝材料抗压强度的影响类似。同样，水玻璃模数对 Cu^{2+} 浸出浓度的影响，与胶凝材料的抗压强度高低有着密不可分的关系，抗压强度对 Cu^{2+} 的固化效果至关重要。除此之外，随着水玻璃模数的升高，体系中 $NaOH:SiO_2$ 比例降低，即体系中的碱度相对也会更低，而胶凝材料中 Cu^{2+} 的固定，在碱性条件下固化稳定性效果更佳。

水玻璃模数过高即进入浆体中 Na^+ 浓度较高，会与溶液中的阴离子发生离子对效应，使结晶产物中的 Si—O 和 Al—O 结构中的氧原子钝化，活性降低同时难以有效分解，所以导致部分硅/铝四面体无法形成，最后使得 Cu^{2+} 无法被固化/稳定化。同时水玻璃对 Cu^{2+} 的固化和稳定也有一定的效果，溶液中产生的硅酸钙对金属离子有一定的吸附效应。

如图 4-23 所示，当煤矸石掺量从 10%提高到 50%时，胶凝材料中重金属 Cu^{2+} 浸出浓度呈现先降低后升高并稳定的现象，Cu^{2+} 最低及最高浸出浓度分别为 2.2mg/L 和 4.8mg/L。与上述两种因素不同的是，煤矸石掺量对胶凝材料中 Cu^{2+}

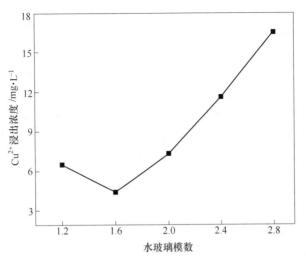

图 4-22 水玻璃模数对 Cu^{2+} 浸出浓度的影响

浸出浓度和对胶凝材料抗压强度的影响在掺量为 40% 之前相似。当掺量为 50% 时，Cu^{2+} 浸出浓度变化幅度不大，主要是由于煤矸石中较多的 Si^{4+}、Al^{3+} 离子聚合后对 Cu^{2+} 形成包裹和吸附，从而使 Cu^{2+} 浸出浓度较低。

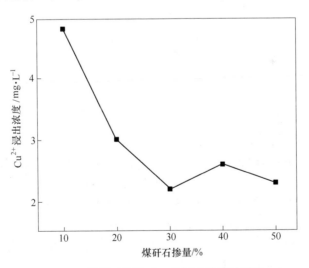

图 4-23 煤矸石掺量对 Cu^{2+} 浸出浓度的影响

4.3.2 胶凝材料耐性研究

通过高温煅烧、酸浸及碱浸对最优条件下所制备的胶凝材料进行耐性研究，讨论各个条件对胶凝材料抗压强度及质量的变化。

4.3.2.1　煅烧对胶凝材料的影响

如图 4-24 所示，通过在各个温度条件下煅烧后胶凝材料的抗压强度及质量损失率可发现，其抗压强度呈现先小幅升高后大幅度下降的情况，而质量损失率则随着温度的升高而逐渐增大。在温度达到 200℃时，胶凝材料的抗压强度有所升高，可能是由于试样中部分未反应完全或部分成分在适当温度下受热激发发生进一步反应，使抗压强度增加；但是当温度高于 200℃时，胶凝材料的抗压强度逐渐下降，这是因为高温导致其内部结构受热分解，同时整个过程中都伴随着水分、灰分及结构的分解，从而导致胶凝材料质量不断损失。

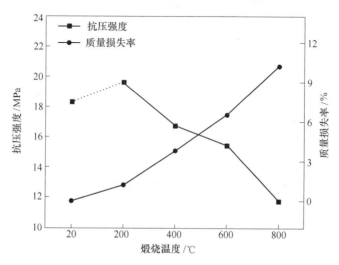

图 4-24　煅烧 2h 对胶凝材料性能的影响

4.3.2.2　酸浸对胶凝材料的影响

如图 4-25 所示，通过在各个酸度条件下浸泡后胶凝材料的抗压强度及质量损失率可发现，其抗压强度随浓度的增加而降低，同时其质量损失率也逐渐增大，两者成反比关系。当 H_2SO_4 溶液浓度为 1mol/L 时，胶凝材料 14d 抗压强度为 6.8MPa，此时质量损失率为 13.8%。说明酸性溶液对胶凝材料的腐蚀影响较大，表明本研究中铜尾矿复合胶凝材料耐酸性能较差，而张鑫海所制备的地质聚合物耐碱性同样优于耐酸性，并能将质量损失率控制在 10%以内。

4.3.2.3　碱浸对胶凝材料的影响

如图 4-26 所示，通过在各个碱度条件下浸泡后胶凝材料的抗压强度及质量损失率可发现，其抗压强度随浓度的增加先升高后降低，但其质量损失率在较高碱浓度时才逐渐增大，其表现与酸浸条件下并不相同。在碱性较低浓度条件下，NaOH 溶液对胶凝材料中的硅铝成分有一定的激发作用，对未完全反应的部分成分进行作用，提高了胶凝材料的抗压强度，同时吸收部分水分导致其质量有所升

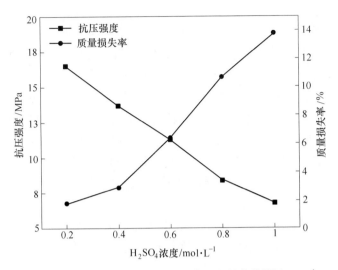

图 4-25　酸浸（14d）对胶凝材料性能的影响

高。随着碱度的增大，胶凝材料中硅铝三维网状结构逐渐被破坏，导致强度降低。当 NaOH 浓度达到 1mol/L 时，胶凝材料 14d 抗压强度为 9.2MPa，质量损失率为 8.5%，耐碱性虽优于耐酸性，但总体而言铜尾矿复合胶凝材料耐腐蚀性较差。

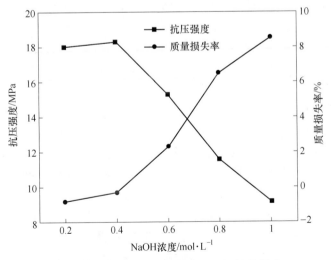

图 4-26　碱浸（14d）对胶凝材料性能的影响

　　而胶凝材料的耐腐蚀性与其抗压强度有着极为紧密的关系。主要原因是无机胶凝材料由铝硅酸盐类化合物形成，其内部结构形状紧密，孔洞数量较少且多为封闭孔洞，腐蚀介质不易浸入，形成了一定的保护作用。

4.4　本章小结

以铜尾矿、煤矸石两种大宗固体废物作为原料,通过热活化可提高其活性,制备铜尾矿复合胶凝材料。本书考查了铜尾矿、煤矸石活化煅烧温度,通过 XRD、SEM 等技术分析煅烧前后组成成分及结构变化,通过 ICP-OES 分析其碱浸后活性硅、铝含量;研究了碱激发剂种类、水玻璃掺量、水玻璃模数、煤矸石掺量等对铜尾矿胶凝材料性能的影响,以抗压强度为主要依据判定胶凝材料性能,同时通过 XRD、SEM、FTIR 对胶凝材料进行微观结构表征,对胶凝材料中重金属 Cu 的浸出进行分析,最后通过煅烧、酸/碱浸等对胶凝材料的耐性进行适当研究,主要结论如下:

(1) 原料铜尾矿及煤矸石是富含硅铝酸盐的矿物废石,成分组成中含有大量的石英、白云石及高岭石等成分,但由于原料特性,其活性较低,直接利用无法发挥有用组分。

(2) 通过煅烧活化后,铜尾矿及煤矸石活性均有提高,煅烧后组成结构及成分发生变化,白云石、石英、高岭土等成分发生分解;且煤矸石活性相比铜尾矿更高,经碱浸后测得煅烧后铜尾矿中活性硅、铝含量分别为 38.42mg/kg、7.32mg/kg,煅烧后煤矸石中活性硅、铝含量为 301.6mg/kg、342.3mg/kg。得到铜尾矿及煤矸石最佳活化温度分别为 800℃和 600℃。

(3) 以氢氧化钠、氢氧化钾、液态水玻璃为碱激发剂制备铜尾矿胶凝材料,发现氢氧化钠及氢氧化钾对胶凝材料性能提升并不大,抗压强度均不超过 3MPa;液态水玻璃对胶凝材料的提升效果较好,当液态水玻璃掺量为 30%时,抗压强度可达 5MPa。相比原液态水玻璃,研究了水玻璃模数分别为 1.2、1.6、2.0、2.4、2.8,对铜尾矿胶凝材料性能的影响,发现当模数为 1.6 时其作用最为显著,抗压强度可达 11MPa。掺入经 600℃煅烧煤矸石后,铜尾矿复合胶凝材料的抗压强度提升明显,当掺量为 30%时抗压强度最高,可达到 18MPa。

(4) 通过响应面优化结果可得,理论最佳条件及理论结果为:A (水玻璃掺量)= 39%;B (水玻璃模数)= 1.55;C (煤矸石掺量)= 38%,抗压强度为 16.95MPa。在实际操作时去水玻璃掺量为 39%、水玻璃模数为 1.5、煤矸石掺量为 38%,得到抗压强度为 17.3MPa,误差值为 2%,在合理范围内。

(5) 通过 XRD、SEM、FTIR 等方法对胶凝材料微观结构进行表征发现,铜尾矿及煤矸石原料中的部分石英及白云石并不参与反应,而大部分硅铝酸盐相通过溶解-重构-聚合-固化等反应形成胶凝材料后其内部结构颗粒不再是分布均匀的颗粒,而是表面交错,具有一定黏结性的不均匀粒状凝胶产物,FTIR 图也能分析出胶凝材料中800cm^{-1}左右 T—O—Si (T 表示 Si、Al) 键的不对称伸缩振动,且向低波数移动越来越明显,1010cm^{-1}左右的峰向高波数移动,表明含硅的高聚物生成，说明聚合物形成较为充分。通过对铜尾矿及煤矸石原料中重金属浸出毒性分析，只有原铜尾矿中的 Cu^{2+} 浸出浓度为 371.92mg/L，超过危险废物鉴别标准的 100mg/L，其他重金属浸出浓度均在标准范围内。同时，比较了水玻璃掺量、水玻璃模数及煤矸石掺量三因素对胶凝材料 Cu^{2+} 浸出浓度的影响发现，煤矸石的掺入对 Cu^{2+} 的稳定效果最好，其浸出范围在 2.2～4.8mg/L，浸出率最高为 1.3%。

（6）对最优条件下制备的胶凝材料进行高温煅烧、酸浸及碱浸等耐性研究发现，温度达到 200℃时，胶凝材料的抗压强度有所升高，但是当温度高于 200℃时，胶凝材料的抗压强度逐渐下降，是因为高温导致其内部结构受热分解，同时整个过程中都伴随着水分、灰分及结构的分解，从而导致胶凝材料质量不断损失。在酸性条件下浸泡后胶凝材料抗压强度随浓度的增加而降低，同时其质量损失率也逐渐增大，两者成反比关系，当 H_2SO_4 溶液浓度为 1mol/L 时，胶凝材料 14d 抗压强度为 6.8MPa，此时质量损失率为 13.8%。在碱性条件下浸泡后胶凝材料抗压强度随浓度的增加先升高而降低，但其质量损失率在较高碱浓度时才逐渐增大，其表现与酸浸条件下并不相同。当 NaOH 浓度达到 1mol/L 时，胶凝材料 14d 抗压强度为 9.2MPa，质量损失率为 8.5%，耐碱性虽优于耐酸性，但总体而言铜尾矿复合胶凝材料耐腐蚀性较差。

5 铜尾矿-偏高岭土复合胶凝
材料的制备及研究

5.1 铜尾矿-偏高岭土复合胶凝材料性能影响

5.1.1 偏高岭土掺量对胶凝材料性能的影响

地质聚合物的结构是由四面体［SiO_4］与四面体［AlO_4］组成的三维立体网状结构，因此其性能与制备地质聚合物原料中的硅铝比［$nSiO_2/nAl_2O_3$］密切相关。偏高岭土中富含 SiO_2 与 Al_2O_3，通过添加偏高岭土能够调节制备地质聚合物原料中的硅铝比，制备出性能良好的铜尾矿地质聚合物试样。

5.1.1.1　偏高岭土掺量对胶凝材料抗压强度的影响

通过前期的预实验以及探索实验，将水与固体混合物的水灰比设定为 0.25，碱激发剂模数为 1.2，恒温恒湿养护箱的养护温度设定为 50℃，地质聚合物的养护时间为 3d，实验选择不同的偏高岭土掺量分别为 5%，10%，15%，20%，25%进行单因素实验。不同偏高岭土掺量对地质聚合物试样抗压强度的影响如图5-1 所示。

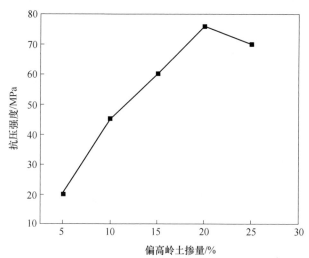

图 5-1　不同偏高岭土掺量对地质聚合物试样抗压强度的影响

由图 5-1 可知，当偏高岭土的掺量为 20% 时，试样的抗压强度达到最大

76MPa，地质聚合物试样的抗压强度随着偏高岭土掺量的增大，有着先增大后减少的趋势，分析其原因，是因为当偏高岭土的掺量较小时，偏高岭土与铜尾矿由于碱激发剂的作用溶解出的四面体［AlO_4］较少，而此时体系中的四面体［SiO_4］较多，地质聚合反应不充分，后续产生的三维立体网状结构凝胶物质也较少，导致地质聚合物试样的抗压强度较小，随着偏高岭土掺量的不断增加，四面体［AlO_4］与四面体［SiO_4］逐渐趋于平衡，此时地质聚合反应体系中的三维网状结构凝胶物质的量也较多，地质聚合物试样的抗压强度也逐渐增大，但是当偏高岭土的掺量超过 20%，反应体系中的四面体［AlO_4］又会比四面体［SiO_4］多，这也就导致了过多的四面体［AlO_4］没有参与地质聚合反应，使得试样内部形成三维网状结构的凝胶物质所占比例减少，最终使得地质聚合物试样的抗压强度降低。由实验数据以及结果分析可知，偏高岭土掺量的适宜范围为 10%~20%。

5.1.1.2 偏高岭土掺量对地质聚合物固化重金属 Cu 的影响

将上述不同偏高岭土掺量的地质聚合物试样压碎后，按照标准《危险废物鉴别标准 浸出毒性鉴别》（GB 5085.3—2007）做毒性浸出实验，然后通过 ICP 测定浸出液中 Cu^{2+} 的浓度，其结果如图 5-2 所示。

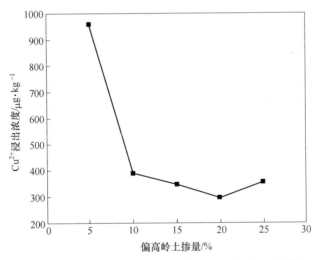

图 5-2 偏高岭土掺量对地质聚合物固化重金属 Cu 的影响

从图 5-2 可以看出，当偏高岭土掺量分别为 5%、10%、15%、20%、25% 时，浸出液中 Cu^{2+} 的浓度分别为 960μg/kg、389μg/kg、349μg/kg、298.5μg/kg、358μg/kg，远远低于浸出毒性鉴别标准（国标）中最高允许风险值的 100mg/kg，固化效率均达到 99% 以上。随着掺量的增加，Cu^{2+} 毒性浸出浓度呈现出先减小后增大的趋势，这是因为地质聚合物对重金属的固化作用主要依赖于整个地质聚合反应体系中生成的单硅铝结构单元（PS）、双硅铝结构单元（PSS）以及三硅铝结构单元（PSDS）组成的三维网状立体结构，偏高岭土的掺量将直接影响 $n(Si)/n(Al)$。因此，地质聚合物对重金属 Cu 的固化作用也就随着偏高岭土掺量的改变而改变，当偏高岭土的掺量增大时，反应体系中生成的三维网状立体结构的凝胶物质先增大后减小，这也导致了浸出液中 Cu^{2+} 的浓度呈现出先减小后增大的趋势。

5.1.2　碱激发剂模数对胶凝材料性能的影响

碱激发剂是由水玻璃与氢氧化钠混合均匀后制成的，本实验中所用的水玻璃的模数为 3.3，通过添加氢氧化钠可以降低模数，模数越小，碱激发剂中所含的氢氧化钠也就越多，碱激发剂的碱度也就越高，而铜尾矿与偏高岭土中活性 Si、Al 的溶出与碱激发剂的碱度有着密切关系。

5.1.2.1　碱激发剂模数对地质聚合物试样抗压强度的影响

通过前期的探索实验，将恒温恒湿养护箱的温度设为 50℃，水与固体混合物的水灰比为 0.25，偏高岭土的掺量为 20%，地质聚合物的养护时间为 3d，实验选择不同碱激发剂的模数分别为 1.2、1.4、1.6、1.8、2.0 进行单因素实验，其结果如图 5-3 所示。

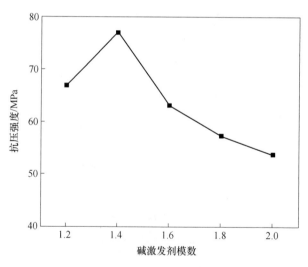

图 5-3　不同碱激发剂模数对地质聚合物试样抗压强度的影响

由图 5-3 可以得知地质聚合物试样的抗压强度随着碱激发剂模数的增加呈现出先增大再减小的趋势，当碱激发剂模数为 1.4 时，地质聚合物试样的抗压强度达到最大值 76.9MPa。碱激发剂模数是影响地质聚合物聚合体系中活性 Si、Al 的关键因素，模数越低，碱激发剂中的碱性就越强，活性 Si、Al 就越容易溶出，但是碱激发剂中的碱性又会影响地质聚合物的固化速度，当碱激发剂模数较低时，地质聚合物会快速固化，使得反应体系中溶出的活性 Si、Al 来不及参与反应，导致地质聚合物试样的抗压强度较低，当碱激发剂模数超过 1.4 时，反应体系中的碱度下降，部分铜尾矿与偏高岭土中的活性 Si、Al 不能充分溶出，聚合反应所产生的凝胶物质减小，最后导致地质聚合物试样的抗压强度降低。因此，地质聚合物试样的抗压强度随着碱激发剂模数的增加，有着先增大后减小的趋势。由实验数据以及结果分析可知，碱激发剂模数的适宜范围为 1.2~1.6。

5.1.2.2　碱激发剂模数对地质聚合物固化重金属 Cu 的影响

将 5.1.2.1 小节中不同碱激发剂模数的地质聚合物试样压碎后，对其做毒性浸出检测，具体实验方式以及参考标准与 5.1.1.2 小节一致，其结果如图 5-4 所示。

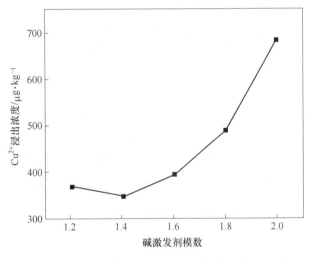

图 5-4　碱激发剂模数对地质聚合物固化重金属 Cu 的影响

从图 5-4 可知当碱激发剂模数分别为 1.2、1.4、1.6、1.8、2.0 时，浸出液中 Cu^{2+} 的浓度分别为 368μg/kg、347μg/kg、394μg/kg、489μg/kg、684μg/kg，其浓度远低于浸出毒性鉴别标准（国标）中的最高允许风险值的 100mg/kg，固化效率均达到 99% 以上。铜尾矿与偏高岭土由于碱激发剂的作用，会溶解产生活性 Si、Al，然后某些低聚物会通过脱水缩聚形成 N-A-S-H 凝胶物质，在形成凝胶物质的过程中，重金属会被物理包封在其中，从而达到固化重金属的作用。碱激发剂的模数会影响地质聚合反应过程中活性 Si、Al 的生成，进而影响到 N-A-S-H 凝胶物质的生成，因此浸出液中 Cu^{2+} 的浓度会随着碱激发剂模数的增加有着先减小再增大的趋势。

5.1.3 水灰比对胶凝材料性能的影响

5.1.3.1   水灰比对地质聚合物试样抗压强度的影响

通过前期的探索实验，将恒温恒湿养护箱的温度设为 50℃，碱激发剂的模数为 1.4，偏高岭土的掺量为 20%，地质聚合物的养护时间为 3d，实验选择不同的水灰比分别为 0.25、0.30、0.35、0.40、0.45 进行单因素实验，其结果如图 5-5 所示。

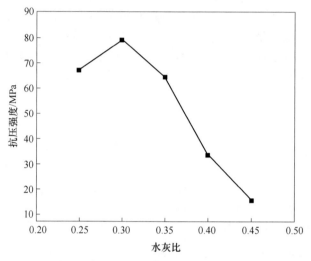

图 5-5   不同水灰比对地质聚合物试样抗压强度的影响

如图 5-5 所示，当水灰比为 0.3 时，地质聚合物试样的抗压强度达到最大值 78.9MPa。在地质聚合反应过程中，水有利于固液混合及离子的传输，随着水灰比的增加，固液间的混合更加均匀，反应体系中的硅铝离子更容易传输，使得地质聚合反应更加充分，有着更多的三维立体网状结构的地质聚合物产生，此时试样的抗压强度增大。但是当水灰比过大时，在养护过程中，地质聚合物试样中会产生大量由于水蒸气蒸发而出现的气孔，这会导致凝胶物质与铜尾矿以及偏高岭土的颗粒表面接触不充分，使得地质聚合物试样的抗压强度降低。而且过大的水灰比会使得反应体系中碱度降低，不利于活性 Si、Al 的溶出。同时，地质物聚合反应实质上是一个脱水缩聚反应，过大的水灰比会使得整个反应体系中的离子间距增大，使得地质聚合物试样的抗压强度降低。因此，随着水灰比的增大，地质聚合物试样的抗压强度有着先增大后减小的趋势，由实验数据以及分析结果可知，制备铜尾矿地质聚合物的水灰比最佳适宜范围为 0.25~0.35。

5.1.3.2   水灰比对地质聚合物固化重金属 Cu 的影响

将 5.1.3.1 小节中不同水灰比的地质聚合物试样压碎后，对其做毒性浸出检测，具体实验方式以及参考标准与 5.1.1.2 小节一致，其结果如图 5-6 所示。

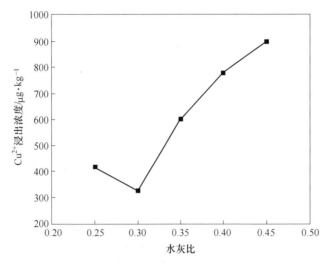

图 5-6　水灰比对地质聚合物固化重金属 Cu 的影响

如图 5-6 所示，当水灰比分别为 0.25、0.3、0.35、0.4、0.45 时，浸出液中 Cu^{2+} 的浓度分别为 418.5μg/kg、325.5μg/kg、601.5μg/kg、780μg/kg、900μg/kg，其浓度低于浸出毒性鉴别标准（国标）中的最高允许风险值的 100mg/kg，固化效率均达到 99% 以上。随着水灰比的增大，浸出液中 Cu^{2+} 的浓度呈现出先减小后增大的趋势，这是因为地质聚合物对重金属良好固化效果主要取决于两方面：一方面是前面 5.2.2 小节中提到的 N-A-S-H 凝胶物质对重金属的物理包裹作用；另一方面则是地质聚合物三维立体网状结构对重金属的物理包封作用以及无定形凝胶物质中的 Ca^{2+} 和 Na^+ 对重金属离子的离子交换作用。水灰比可以影响到活性 Si、Al 的溶出，进而影响到地质聚合物三维立体网状结构的生成，同时，水灰比的增大会降低 Ca^{2+} 和 Na^+ 的浓度，进而影响到无定形凝胶物中发生的离子交换作用。

5.1.4　正交实验研究及结果分析

正交试验是根据正交性从全面试验中挑选出比较有代表性的点来进行实验，这些代表性的点具备了"分散均匀，齐整可比"的特点，正交试验是一种可以研究多因素、多水平的试验，同时也具备了高效率、快速、经济的优点。前面讨论了各种单因素对铜尾矿地质聚合物性能的影响，得出了各因素的最佳适宜范围，为了确定制备铜尾矿地质聚合物原料的最佳配比以及探讨影响地质聚合物性能的最主要影响因素，在单因素实验的基础上，设计正交实验，本次正交实验采取 $L_9(3^3)$ 的正交实验，将偏高岭土掺量（因素 A）、水灰比（因素 B）以及碱激发剂模数（因素 C）作为制备铜尾矿地质聚合物的考察因素，每个因素取 3 个水平，正交实验水平如表 5-1 所示。

表 5-1 正交实验因素与水平

水平	因　素		
	偏高岭土掺量 （因素 A）	水灰比 （因素 B）	碱激发剂模数 （因素 C）
1	10%	0.25	1.2
2	15%	0.30	1.4
3	20%	0.35	1.6

按照表 5-1 所示的因素以及水平，制备 9 组不同因素与水平的铜尾矿地质聚合物试样，将制备好的试样通过电子万能试验机对其进行抗压强度的测定，测定结果如表 5-2 所示。

表 5-2 正交实验结果

样品号	因　素			抗压强度/MPa
	A	B	C	
1	10%	0.25	1.2	21.4
2	10%	0.30	1.4	118.9
3	10%	0.35	1.6	74.6
4	15%	0.25	1.4	39.6
5	15%	0.30	1.6	58.5
6	15%	0.35	1.2	50.1
7	20%	0.20	1.6	78.1
8	20%	0.30	1.2	87.1
9	20%	0.35	1.4	59.0

对表 5-2 的正交实验结果进行分析，研究铜尾矿制备地质聚合物的最佳原料配比以及探讨影响地质聚合物性能的最主要影响因素，正交实验结果分析如表5-3 所示。

表 5-3 正交实验结果分析

评价指标		因　素		
		A	B	C
抗压强度/MPa	K_1	71.6	46.4	52.8
	K_2	49.4	88.1	72.5
	K_3	74.7	61.2	70.4
	R	25.3	41.7	19.7

　　表 5-3 中的 K 值代表着各个因素在不同水平下地质聚合物试样抗压强度的平均值，其中 K 值越大则代表此时的水平为该单因素下的最佳水平，因此由表 5-3 可知，因素 A 的三个水平所对应的抗压强度分别为 71.6MPa、49.4MPa、74.7MPa，其中以第三水平所对应的抗压强度 74.7MPa 最大，因此，因素 A 的最佳水平为 A_3；同理，因素 B 的三个水平所对应的抗压强度分别为 46.4 MPa、88.1MPa、61.2MPa，其中以第二水平所对应的抗压强度 88.1MPa 最大，因此因素 B 的最佳水平为 B_2；最后，因素 C 的三个水平所对应的抗压强度分别为 52.8MPa、72.5MPa、70.4MPa，其中以第二水平所对应的抗压强度 72.5 MPa 最大，因此，因素 C 的最佳水平为 C_2。由表 5-3 可知，因素 A、B、C 的极差分别为 25.3、41.7、19.7，其中因素 B（水灰比）的值最大，这说明当水灰比的水平改变时，其对地质聚合物性能的影响最大，因此水灰比是影响地质聚合物性能的最主要因素；因素 A（偏高岭土掺量）的极差为 25.3，仅次于水灰比，这说明偏高岭土掺量的水平改变时对地质聚合物性能的影响相较于水灰比要次之；最后因素 C（碱激发剂模数）的极差为 19.7，在三个因素当中最小，这说明碱激发剂模数的水平改变时，其对地质聚合物性能的影响最小。因此，可以得出因素对地质聚合物性能的影响从大到小的顺序为：B、A、C。根据正交实验结果分析可以得出，制备铜尾矿地质聚合物的最佳方案为 $B_2A_3C_2$。

5.1.5　养护龄期对胶凝材料性能的影响

　　地质聚合物的性能与养护龄期的长短有着非常密切的关系，养护龄期越长，地质聚合物中形成的三维立体网状结构以及无定形凝胶物质就越多，地质聚合物的性能越好。因此，在前面的基础上，按照正交实验确定的最佳方案即水灰比为 0.3、偏高岭土掺量为 20%、碱激发剂模数为 1.4 的原料配比制备铜尾矿地质聚合物，将制备的铜尾矿地质聚合物试样养护至规定龄期分别为 1d、3d、7d 以及 28d，然后对地质聚合物试样做抗压测试以及毒性浸出实验。

　　如图 5-7 所示，随着养护龄期的增加，地质聚合物试样的抗压强度也呈现出一个上升的趋势，这是因为随着养护龄期的增加，地质聚合反应就越加充分，形成的三维立体网状结构以及无定形凝胶物质也就越多，因此地质聚合物试样的抗压强度也就越大。同时从图 5-7 可以看出，养护龄期为 3d、7d 以及 28d 的地质聚合物试样的抗压强度相差不大，这说明，当养护龄期达到 3d 时，试样中的地质聚合反应已较为充分，试样内部已形成足够多的三维立体网状结构以及无定形凝胶物质，因此，后续实验可以考虑将养护龄期为 3d 的铜尾矿地质聚合物作为考察指标。《通用硅酸盐水泥》（GB 175—2020）中硅酸盐水泥 62.5R 等级规定通用硅酸盐水泥不同龄期强度的要求为 3d≥32MPa、28d≥62.5MPa，由图 5-7 实验结果可以知道，在最佳方案下制备的铜尾矿地质聚合物试样的 3d 和 28d 抗压强度均优于《通用硅酸盐水泥》（GB 175—2020）中硅酸盐水泥的 62.5R 等级。

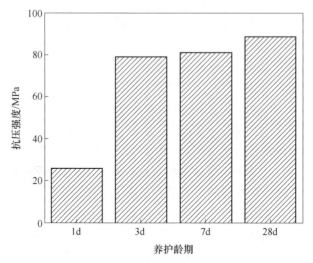

图 5-7　养护龄期对地质聚合物试样抗压强度的影响

　　从图 5-8 可以看出，随着养护龄期的增长，地质聚合物对于重金属 Cu 的固化效果也越来越好，其中在养护龄期达到 28d 的时候，Cu^{2+} 的浸出浓度达到最低只有 114μg/kg，这是因为随着养护龄期的增长，地质聚合反应更加充分，地质聚合物中形成的三维立体网状结构也就越多，这也使得更多的 Cu^{2+} 被封装在这些结构当中，因此地质聚合物的固化效果也就越好，这样的结果也与 Zhang 等的研究结果一致。

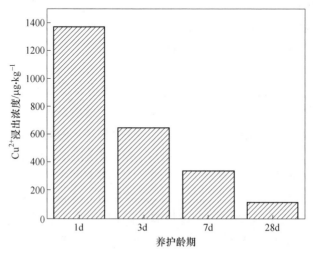

图 5-8　养护龄期对地质聚合物固化重金属 Cu 的影响

5.2　铜尾矿-偏高岭土复合胶凝材料性能表征及分析

5.2.1　铜尾矿-偏高岭土复合胶凝材料的微观形貌及结构分析

5.2.1.1　XRD 分析

将铜尾矿和偏高岭土在最佳方案下制备的 1d、3d、7d 以及 28d 的地质聚合物进行 XRD 分析，其结果如图 5-9 所示。

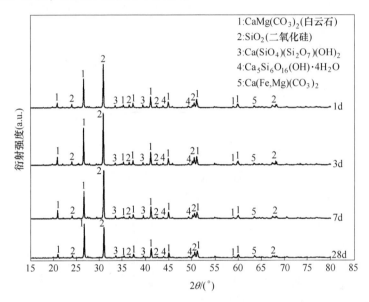

图 5-9　地质聚合物在不同养护龄期下的 XRD 图谱

由图 5-9 可以看出，不同养护龄期下地质聚合物的矿物质组成基本相同，主要还是以白云石以及二氧化硅为主，这些白云石以及二氧化硅是地质聚合物原料中没有完全反应的残留矿物，同时从图中可以看出，相对于 1d、3d 以及 7d 的衍射图谱，在 28d 地质聚合物的 XRD 图谱中，白云石以及二氧化硅的衍射峰均有不同程度的降低，这说明，地质聚合物原料中的矿物持续受到碱激发剂的作用，溶出了活性 Si、Al 并参与了地质聚合反应，生成了更多的 N-A-S-H 凝胶物质，这也导致了 28d 的铜尾矿地质聚合物试样的抗压强度相对较高。同时，由于铜尾矿以及偏高岭土中都含有 Ca，这些 Ca 在碱激发剂的作用下发生了水化反应，形成了具有晶型的含钙硅酸盐化合物以及水化硅酸钙（$Ca_5Si_6O_{16}(OH)\cdot 4H_2O$）等物质，这些物质主要以无定形凝胶物质的形态存在，而这些物质能够提升铜尾矿地质聚合物对重金属的固化作用，同时还能够提高铜尾矿地质聚合物试样的抗压强度。

5.2.1.2 FTIR 分析

将铜尾矿和偏高岭土在最佳方案下制备的 1d、3d、7d 以及 28d 的地质聚合物进行 FTIR 分析,其结果如图 5-10 所示。

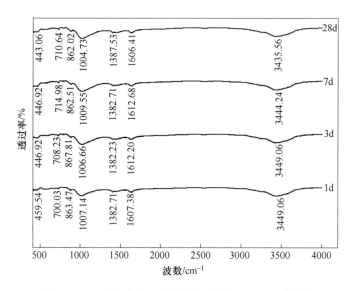

图 5-10 地质聚合物在不同养护龄期下的 FTIR 图谱

由图 5-10 可以看出,地质聚合物在不同养护龄期下的 FTIR 图谱都非常相似,这说明在养护龄期达到一天的时候,地质聚合物中的主要结构已经形成,同时根据相关文献,地质聚合物网络结构中的 Si—O—Al 或 Si—O—Si 的非对称伸缩振动以及弯曲振动所对应的吸收峰的波数为 $950 \sim 1250 cm^{-1}$ 以及 $420 \sim 500 cm^{-1}$ 处,因此,由图 5-10 可知,$459 cm^{-1}$、$446 cm^{-1}$ 以及 $443 cm^{-1}$ 处的吸收峰为 Si—O 或是 Al—O 的弯曲振动峰,同时在 $1007 cm^{-1}$、$1006 cm^{-1}$、$1009 cm^{-1}$ 和 $1004 cm^{-1}$ 的吸收峰为—Si—O—Al—O—的不对称伸缩振动峰,这些特征峰的形成说明地质聚合物内部形成了由—Si—O—Al—O—组成的结构,而这些结构也是形成地质聚合物中三维立体网状结构的常见结构。在 $850 \sim 890 cm^{-1}$ 以及 $1350 \sim 1450 cm^{-1}$ 处的吸收峰所对应的结构为 C-S-H,由图 5-10 可知,在波数为 $862 cm^{-1}$ 以及 $1382 cm^{-1}$ 附近均出现了 C-S-H 的特征吸收峰,这说明了,地质聚合物在养护期间发生了水化反应,并且形成了水化硅酸钙等物质,而这也正好与 XRD (图 5-9) 的分析结果一致。另外,在 $3449 cm^{-1}$ 附近出现了弯曲振动峰,通过分析该吸收峰为 H—OH 的弯曲振动峰,其原因为地质聚合物中存在未反应的自由水。

5.2.1.3 SEM 分析

将原铜尾矿以及在最佳方案下制备的 1d、3d、7d 和 28d 的地质聚合物进行 SEM 分析,其结果如图 5-11 所示。

图 5-11 原铜尾矿 (a) 和不同养护龄期 (b~e) 的地质聚合物微观形貌

a—原铜尾矿微观形貌 (15000 倍); b—地质聚合物 1d 微观形貌 (15000 倍);

c—地质聚合物 3d 微观形貌 (15000 倍); d—地质聚合物 7d 微观形貌 (15000 倍);

e—地质聚合物 28d 微观形貌 (15000 倍)

如图 5-11a 所示,在微观下观察原铜尾矿的形貌特征,其棱角尖锐,磨圆度差,这说明原铜尾矿中含有稳定的矿物晶体结构,而从图 5-11b、c、d 以及 e 中可以看出,地质聚合物内部中已经形成了较为稳定的无定形钠铝硅酸盐无定形凝胶物质,这表明铜尾矿以及偏高岭土中的活性 Si、Al 通过碱激发剂的作用发生了地质聚合反应。随着养护龄期的增长，这些无定形钠铝硅酸盐凝胶物质所占的比例越来越多，同时地质聚合物中的稳定矿物质受到碱的侵蚀的程度也越来越大，这也与 XRD 分析中白云石以及二氧化硅的衍射峰均有不同程度的降低的分析结果一致。从图 5-11b、c、d 以及 e 中还可以看出无定形钠铝硅酸盐凝胶物质与铜尾矿以及偏高岭土中的一些矿物骨架相胶结在一起，从而增强了地质聚合物的力学性能，同时这些无定形钠铝硅酸盐凝胶物质还填充在铜尾矿以及偏高岭土颗粒的缝隙之间，形成致密坚硬的凝胶相，最终使地质聚合物的性能得到提升。

5.2.2 地质聚合物胶凝材料固化 Cu^{2+} 机理分析

本书中地质聚合物对 Cu^{2+} 固化的关键是降低 Cu^{2+} 的生物有效性和可转换性，地质聚合物对 Cu^{2+} 的固化作用主要是地质聚合反应生成的凝胶物质对 Cu^{2+} 的物理包封作用和地质聚合物内部的化学键合作用，同时由三价铝离子形成的配位体会对 Cu^{2+} 进行取代以及离子交换，地质聚合物对 Cu^{2+} 的固化还可能有络合沉淀、电荷平衡、钝化及还原等反应进行。地质聚合物对 Cu^{2+} 的固化过程中，不溶形态的 Cu^{2+} 主要由无定型凝胶物质通过物理包封作用进行固化，但是当 Cu^{2+} 为溶解的离子形态时则主要由地质聚合物表面结构或其介孔结构上发生的化学键合作用及吸附作用进行固化。在地质聚合物的碱激发过程中，也能够对 Cu^{2+} 进行固化，在此过程中，地质聚合物原料中的硅铝酸盐会在碱性激发剂溶液中溶解，而溶液中的低聚物则会通过脱水缩聚形成 N-A-S-H 凝胶物质，Cu^{2+} 在此过程中被包裹在地质聚合物的结构中。尽管地质聚合物对 Cu^{2+} 的固化效应有几种，这几种固化效应的作用也各不相同，但在固化过程中，这几种固化效应是同时存在的，并且共同影响着地质聚合物对 Cu^{2+} 的固化效果。地质聚合物固化 Cu^{2+} 发生的部分反应如式（5-1）所示。

$$n(\mathrm{HO})_3\!-\!\mathrm{Si}\!-\!\mathrm{Al}^-\!-\!(\mathrm{OH})_3 \xrightarrow[\mathrm{Cu}^{2+}]{\text{碱激发剂}}$$

$$\begin{array}{l} \mathrm{Cu}^{2+}\!-\!\left(\!\mathrm{Si}\!-\!\mathrm{O}\!-\!\mathrm{Al}^-\!-\!\mathrm{O}\!-\!\right)_n +3n\mathrm{H_2O} \\[6pt] \mathrm{Na}^+\!-\!\left(\!\mathrm{Si}\!-\!\mathrm{O}\!-\!\mathrm{Al}^-\!-\!\mathrm{O}\!-\!\right)_n +3n\mathrm{H_2O} \\[6pt] \mathrm{Cu}^{2+}\!-\!\left(\!\mathrm{Si}\!-\!\mathrm{O}\!-\!\mathrm{Al}^-\!-\!\mathrm{O}\!-\!\right)_n +3n\mathrm{H_2O} \end{array}$$

$$(5\text{-}1)$$

$$n(HO)_3-Si-O-Al^--O-Si-(OH)_3 \xrightarrow[\substack{Cu^{2+}}]{\substack{碱激\\发剂}}$$

$$\begin{array}{l} \rightarrow Cu^{2+}-(-Si-O-Al^--O-Si-O-)_n+4nH_2O \\ \rightarrow Na^+-(-Si-O-Al^--O-Si-O-)_n+4nH_2O \\ \rightarrow Cu^{2+}-(-Si-O-Al^--O-Si-O-)_n+4nH_2O \end{array}$$

$$(5-2)$$

5.3 铜尾矿-偏高岭土复合胶凝材料的强化及耐性实验研究

地质聚合物的性能主要取决于其内部生成的三维立体网状结构以及无定形凝胶物质所占的比例,而三维立体网状结构的形成主要与活性 Si、Al 密切相关,因此通过强化铜尾矿,促使其中的活性 Si、Al 能够充分溶出,从而使制备出的铜尾矿地质聚合物有着更加优秀的性能。强化方式主要分为两种方式:一种是通过添加化学活化剂破坏铜尾矿中含有 Si、Al 的玻璃体,从而提高活性 Si、Al 的溶出;另一种是通过煅烧铜尾矿,使铜尾矿中含有 Si、Al 的矿物质结构被破坏,让活性 Si、Al 更容易溶出。

环境因素对地质聚合物性能的持久保持有着密切关系,比如高温以及酸侵蚀会影响地质聚合物抗压强度以及地质聚合物对重金属的固化效果,为了检测地质聚合物在极端环境下的耐性性能情况,本章通过对地质聚合物试样进行煅烧以及化学试剂浸泡来探究铜尾矿地质聚合物的耐高温性能以及抗化学侵蚀性能。

5.3.1 铜尾矿-偏高岭土复合胶凝材料强化实验研究

5.3.1.1 化学活化剂的选择

由第 4 章可知,碱性可以破坏铜尾矿和偏高岭土中的 Si—O 键和 Al—O 键,能够有助于活性 Si、Al 的溶出,因此,采取 NaOH 和 Na_2CO_3 作为碱性化学活化剂,同时地质聚合物原料中含有的 Ca 可以发生水化反应,所以采用 $Ca(OH)_2$ 作为水化反应的化学活化剂,以此来促进水化反应的进行,因此本实验采用的化学活化剂为 NaOH、Na_2CO_3 和 $Ca(OH)_2$。将铜尾矿与三种化学活化剂分别混合,其比例为 1:0.06,然后加入 20%的水进行湿搅,搅拌均匀后放入电热恒温干燥箱中烘干,再进行研磨磨碎后置入马弗炉中 600℃下煅烧 3h,最后冷却至室温,所得混合物即为活化后的铜尾矿。按照第 4 章的最佳方案,将活化后的铜尾矿与偏高岭土在最佳制备条件下制备强化的铜尾矿地质聚合物，测试养护龄期为3d的地质聚合物性能。

　　如图5-12所示，三种化学活化剂活化后的铜尾矿制备的地质聚合物试样的抗压强度均比原铜尾矿制备的地质聚合物试样的抗压强度高，其中NaOH对于铜尾矿的活化效果最好，Ca(OH)$_2$活化效果最差。分析其原因是地质聚合物的性能主要取决于其内部生成的三维立体网状结构以及无定形凝胶物质所占的比例，虽然Ca(OH)$_2$能够促进水化反应，但是由于铜尾矿与偏高岭土制备地质聚合物的时候还是以活性Si、Al主导的地质聚合反应为主，水化反应为辅，所以碱性活化剂相对于Ca(OH)$_2$效果要好，而NaOH的碱性又要比Na$_2$CO$_3$的碱性要强，因此，NaOH活化效果更好。从图5-13可以看出，NaOH活化后的铜尾矿制备的地质聚合物对Cu^{2+}的固化效果最好，这也是由于NaOH能够充分促使活性Si、Al的溶出，使得地质聚合物对Cu^{2+}的物理包封效果达到最好。因此，从实验数据与结果分析来看，最终选择NaOH作为最佳活化剂。

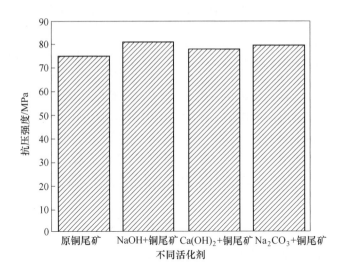

图5-12　不同活化剂对地质聚合物试样抗压强度的影响

5.3.1.2　活化剂（NaOH）的添加量对活化地质聚合物性能的影响

　　将NaOH按照不同添加量2%、4%、6%、8%、10%与铜尾矿混合，然后加入20%的去离子水进行湿搅，搅拌均匀后放入电热恒温干燥箱中烘干，再进行研磨磨碎后置入马弗炉中600℃下煅烧3h，最后冷却至室温。结合第4章的数据，将活化后的铜尾矿与偏高岭土在最佳制备条件下制备地质聚合物，检测养护龄期为3d的地质聚合物性能。

　　如图5-14所示，当活化剂添加量达到6%时，活化地质聚合物试样的抗压强

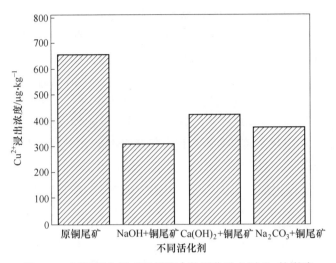

图 5-13 不同活化剂对地质聚合物固化重金属 Cu 的影响

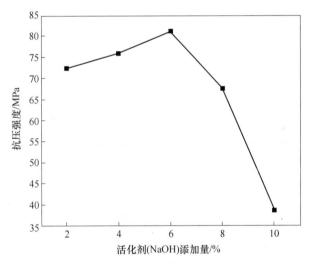

图 5-14 活化剂添加量对活化地质聚合物试样抗压强的影响

度达到最大 81.1MPa，同时当活化剂添加量超过 6%时，活化地质聚合物试样有一个急剧下降的趋势。这是因为随着化学活化剂（NaOH）添加量的不断增大，反应体系中的碱度就越高，铜尾矿和偏高岭土中的活性 Si、Al 的溶出也就越加充分，三维立体网状结构也就容易形成，但是当化学活化剂（NaOH）的添加量6%时，铜尾矿和偏高岭土中的活性 Si、Al 的溶出已经达到一个平衡，继续添加化学活化剂（NaOH）只会让地质聚合物内部中出现多余的未参加反应的化学活化剂（NaOH），从而影响到活化地质聚合物的抗压强度，同时，过多的化学活化剂（NaOH）会使铜尾矿中充当骨架结构的矿质被侵蚀，进一步使得活化地质聚合物试样的抗压强度降低。从图 5-15 中可以看出，随着化学活化剂（NaOH）添加量的不断增加，Cu^{2+} 浸出浓度呈现出先减小后增加的趋势，这是因为 Cu^{2+} 的固定与反应体系中生成的无定形凝胶物质有关，随着化学活化剂添加量的增加，反应体系中生成的凝胶物质的量先增加后减少，这也正好与试样抗压强度的趋势相对应，在化学活化剂（NaOH）添加量为 6% 时，活化地质聚合物对于 Cu^{2+} 的固化效果达到最好。因此，通过实验数据及结果分析得出化学活化剂（NaOH）的最佳添加量为 6%。

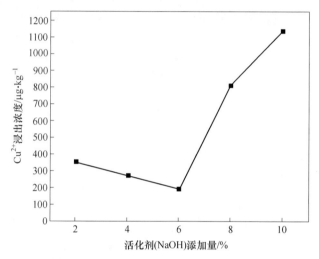

图 5-15　活化剂添加量对活化地质聚合物固化重金属 Cu 的影响

5.3.1.3　煅烧温度对活化地质聚合物性能的影响

将 NaOH 按照添加量为 6% 的比例与铜尾矿混合，然后加入 20% 的去离子水进行湿搅，搅拌均匀后放入电热恒温干燥箱中烘干，再进行研磨磨碎后置入马弗炉中在不同温度 200℃、400℃、600℃、800℃、1000℃下煅烧 3h，最后冷却至室温。结合之前数据，按照最佳方案，将活化后的铜尾矿与偏高岭土在最佳制备条件下制备地质聚合物，测试养护龄期为 3d 的地质聚合物性能。

由图 5-16 可知，当煅烧温度达到 600℃时，活化地质聚合物试样的抗压强度达到最大值 82.5MPa，当煅烧温度超过 600℃时，活化地质聚合物试样有一个急剧下降的趋势。其原因是当煅烧温度还较低时，不足以破坏铜尾矿中的 Si—O 键和 Al—O 键，此时，活性 Si、Al 的溶出还不够充分，而随着温度的升高，原料中越来越多的 Si—O 和 Al—O 键被破坏，此时活性 Si、Al 的溶出也越来越多，生成的凝胶物质越来越多，活化地质聚合物试样的抗压强度也就越来越大，当煅烧温度超过 600℃时，铜尾矿中一些充当骨架的矿物结构会被高温破坏掉，使得地

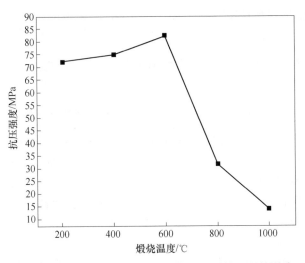

图 5-16 煅烧温度对活化地质聚合物试样抗压强的影响

质聚合物中的凝胶物质没有支撑结构，地质聚合反应发生困难，从而使得活化地质聚合物试样的抗压强度急剧下降。由图 5-17 可知，随着煅烧温度的提高，Cu^{2+} 浸出浓度呈现出一个先减小后增加的趋势，当煅烧温度达到 600℃时，Cu^{2+} 浸出浓度达到最小，活化地质聚合物对 Cu^{2+} 的固化效果达到最好，但是当煅烧温度继续上升时，由于此时尾矿中的一些矿物结构被破坏，地质聚合反应发生困难，生成的凝胶物质减少，对 Cu^{2+} 的物理包封作用也就相应的减小，使活化地质聚合物对 Cu^{2+} 的固化效果急剧下降。同时，煅烧温度的升高，地质聚合物试样的抗压强度先增大后减小，而高抗压强度代表着更致密的结构，低抗压强度的地质

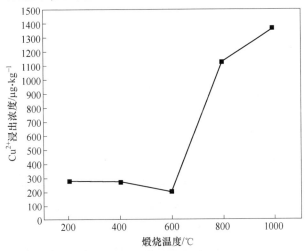

图 5-17 煅烧温度对活化地质聚合物固化重金属 Cu 的影响

聚合物基本的结构以及其化学键更加的不稳定，重金属被释放的可能性更大。因此，通过实验数据以及结果分析可知，活化铜尾矿的最佳煅烧温度为600℃。

5.3.2 活化铜尾矿地质聚合物胶凝材料的微观形貌及结构分析

5.3.2.1 XRD 分析

将由不同活化剂（NaOH、Na₂CO₃、Ca(OH)₂）活化后的铜尾矿和偏高岭土在最佳制备条件下制备出活化地质聚合物，将这些地质聚合物分别进行 XRD 分析，其结果如图 5-18 所示。从 XRD 图谱中可以看出，通过 NaOH 和 Na₂CO₃ 活化剂活化后的铜尾矿制备出的地质聚合物的 XRD 图谱与原铜尾矿制备出的地质聚合物的 XRD 图谱相比，白云石和二氧化碳的衍射峰均有不同程度的降低，并且衍射峰的角度发生了偏移，呈现出非晶化的趋势，这说明通过 NaOH 和 Na₂CO₃ 活化剂活化后的铜尾矿中的 Si—O 以及 Al—O 因为活化剂的碱性作用而受到破坏，使得铜尾矿溶出大量的活性 Si、Al 并参与到地质聚合反应中去，由此产生了大量的三维立体网状结构，提高了活化地质聚合物试样的抗压强度。同时，由 XRD 图谱中可以看出，图谱中出现了大量非晶态物质的弥散衍射峰，且有些衍射峰发生了偏移，这说明在地质聚合反应阶段产生了新的非晶态物质。NaOH 和 Na₂CO₃ 活化剂活化后的地质聚合物 XRD 曲线与 Ca(OH)₂ 活化剂活化后的地质聚合物 XRD 曲线相比，Ca(OH)₂ 活化后的地质聚合物中产生了 CaCO₃ 等物质，这使得地质聚合物中水化反应产生的无定形凝胶物质所占的比例减小，最终影响到地质聚合物试样的性能。

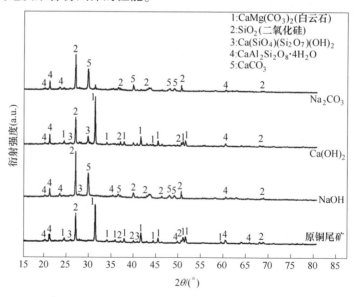

图 5-18 不同活化剂下活化地质聚合物的 XRD 图谱

5.3.2.2 FTIR 分析

将由不同活化剂（NaOH、Na$_2$CO$_3$、Ca(OH)$_2$）活化后的铜尾矿和偏高岭土在最佳制备条件下制备出活化地质聚合物，将这些地质聚合物分别进行 FTIR 分析，其结果如图 5-19 所示。不同活化剂下制备的地质聚合物的红外吸收光谱图都非常相似，这说明几种不同活化剂活化下的地质聚合物中的主要结构相差不大。同时，地质聚合物网络结构中的 Si—O—Al 和 Si—O—Si 的非对称伸缩振动以及弯曲振动所对应的吸收峰的波数为 950~1250cm^{-1} 和 420~500cm^{-1} 处，因此，由图 5-19 可得，456cm^{-1}、448cm^{-1}、463cm^{-1} 和 437cm^{-1} 的吸收峰为 Si—O 或者是 Al-O 的弯曲振动峰，在 999cm^{-1}、1007cm^{-1} 和 1004cm^{-1} 处的吸收峰为—Si—O—Al—O—的不对称吸收峰，这些特征峰的形成说明了地质聚合物内部形成了由—Si—O—Al—O—组成的结构，而这些结构也是形成地质聚合物网状立体结构的常见结构。将 NaOH 和 Na$_2$CO$_3$ 活化后的地质聚合物 FTIR 曲线与未活化的地质聚合物 FTIR 曲线相比，Si—O 或 Al—O 的吸收峰由 456cm^{-1} 偏移至 448cm^{-1}、437cm^{-1}，这说明铜尾矿中的 Si—O、Al—O 被破坏，铜尾矿的矿物结构呈现出蓬松以及较多孔隙的状态，同时铜尾矿中白云石以及二氧化硅等结晶度降低，逐渐向非晶态转换。在 850~890cm^{-1} 以及 1350~1450cm^{-1} 处的吸收峰所对应的结构为 C-S-H，由图 5-19 可知，在波数为 874cm^{-1} 以及 1437cm^{-1} 附近均出现了 C-S-H 的特征吸收峰，这说明了，地质聚合物在养护期间发生了水化反应，并且形成了水

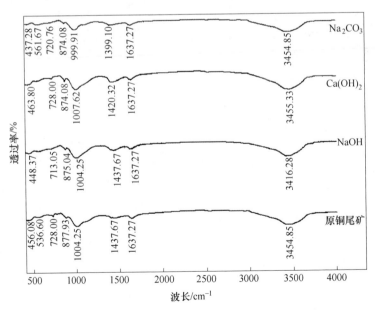

图 5-19 不同活化剂下活化地质聚合物的 FTIR 图谱

化硅酸钙等物质，而这也正好与 XRD 的分析结果一致。另外，在 $3416cm^{-1}$ 附近出现了弯曲振动峰，通过分析该吸收峰为 H—OH 的弯曲振动峰，其原因为地质聚合物中存在少量的结合水的未反应自由水。

5.3.2.3　SEM 分析

将不同活化剂活化后的铜尾矿与未活化的铜尾矿和偏高岭土在最佳制备条件下制备出活化地质聚合物，将这些地质聚合物分别进行 SEM 分析。将图 5-20a、c 与图 5-20b、d 相比较可以看出，未活化的铜尾矿和 $Ca(OH)_2$ 活化的铜尾矿制备的地质聚合物微观形貌图中显示出较大矿物颗粒，而 NaOH 与 Na_2CO_3 活化的铜尾矿制备的地质聚合物微观形貌图中较大的矿物颗粒已经变成了相对较小的矿物颗粒，这是因为 NaOH 与 Na_2CO_3 的碱性较强，将铜尾矿中的 SiO_2 与白云石等矿物结构被侵蚀，其内部的 Si—O 与 Al—O 被大量破坏，溶出大量的活性 Si、Al 并参与到地质聚合反应中去，生成了三维立体网状结构以及 C-S-H 凝胶物质等，此时地质聚合物的性能较好。由图 5-20b、d 可以看出，C-S-H 凝胶物质、三维立

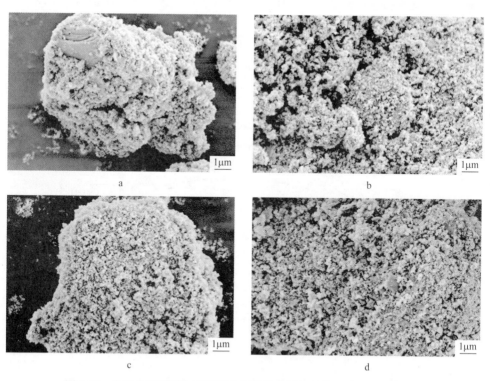

图 5-20　未活化铜尾矿与不同活化剂活化地质聚合物形貌（20000 倍）

a—未活化铜尾矿地质聚合物（20000 倍）；b—NaOH 活化铜尾矿地质聚合物（20000 倍）；

c—$Ca(OH)_2$ 活化铜尾矿地质聚合物（20000 倍）；

d—Na_2CO_3 活化铜尾矿地质聚合物（20000 倍）

体网状结构以及铜尾矿中的矿物结构紧密胶结在一起，而图 5-20a、c 中地质聚合物内部结构由于还存在较大的矿物结构以及生成的 C-S-H 凝胶物质和三维立体网状结构的比例相对较小，其在地质聚合反应时，内部结构相对较疏松，空隙也较大，因此经过 NaOH 与 Na_2CO_3 活化的铜尾矿制备的地质聚合物的性能比未活化以及 $Ca(OH)_2$ 活化的铜尾矿制备的地质聚合物的性能好。

5.3.3　铜尾矿-偏高岭土复合胶凝材料的耐久性能实验研究

5.3.3.1　地质聚合物耐高温性能实验研究

结合前面几章的数据，将在最佳条件下制备出的铜尾矿地质聚合物 3d 的试样放入马弗炉中，在 200℃、400℃、600℃ 以及 800℃ 下煅烧 120min，煅烧完成后关闭马弗炉自然冷却至室温，对煅烧后地质聚合物试样的性能进行检测，探究不同温度对铜尾矿地质聚合物性能的影响。

由图 5-21 可知，随着温度的不断提高，铜尾矿地质聚合物试样的抗压强度呈现出一个不断下降的趋势，当温度为 800℃ 时，地质聚合物试样的抗压强度仍还有 25.4MPa，抗压强度损失率为 70.4%，对比普通硅酸盐水泥在 800℃ 下的抗压强度损失率 80%，铜尾矿地质聚合物耐高温性能良好。而造成的地质聚合物试样抗压强度损失的原因是随着煅烧温度的升高，地质聚合物内部的一些由水化反应产生的 C-S-H 凝胶物质和由地质聚合反应产生的 N-A-S-H 凝胶物质开始被分解，地质聚合物中的一些矿物结构被溶解，各凝胶物质之间的胶结力也由于高温而下降，同时地质聚合物中的一些物质的分解以及结合水的蒸发会使得地质聚合试样的体积发生改变，造成地质聚合物试样膨胀干裂而导致抗压强度降低。由图 5-22 可知，随着温度的升高，地质聚合物中 Cu^{2+} 浸出浓度逐渐增大，

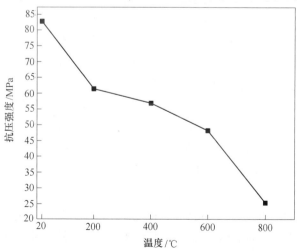

图 5-21　不同温度下地质聚合物试样的抗压强度

当温度达到800℃时，Cu^{2+}浸出浓度为42.1mg/kg，Cu^{2+}浸出浓度有所升高，分析Cu^{2+}浸出浓度升高的原因是随着温度的升高，地质聚合物中起到固化作用的凝胶物质被分解，三维立体网状结构被高温破坏，使被固化的Cu^{2+}又重新转变为游离态。

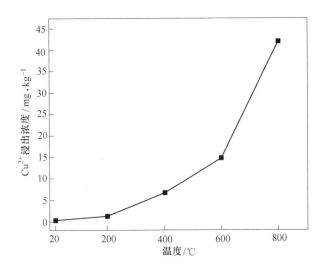

图 5-22 不同温度下地质聚合物中 Cu^{2+} 的浸出浓度

5.3.3.2 地质聚合物抗化学侵蚀性能实验研究

将5.3.1小节中制备出的铜尾矿地质聚合物3d的试样分别在蒸馏水、CH_3COOH、H_2SO_4和HCl溶液中浸泡14d，然后对浸泡后的地质聚合物的性能进行检测，探究铜尾矿地质聚合物抗化学侵蚀的性能。

如图5-23所示，铜尾矿地质聚合物试样在蒸馏水、CH_3COOH溶液、H_2SO_4溶液和HCl溶液中浸泡14d后，蒸馏水中浸泡后的抗压强度最高，HCl溶液最低，地质聚合物试样在H_2SO_4溶液和HCl溶液浸泡后的抗压强度损失率分别为66.1%和61.5%，相较于普通硅酸盐水泥在H_2SO_4溶液和HCl溶液浸泡后抗压强度损失率的95%和97%，铜尾矿地质聚合物耐酸侵蚀性能良好。铜尾矿地质聚合物试样在酸溶液浸泡后抗压强度损失的原因是CH_3COOH溶液、H_2SO_4溶液和HCl溶液中存在H^+，H^+会跟地质聚合物中的$Ca(OH)_2$反应，影响水化反应产生的部分无定形凝胶物质，同时也有相关研究者认为Na^+、K^+以及Ca^{2+}等离子能够平衡地质聚合物中三维网状立体结构和［AlO_4］四面体所带的负电荷，而酸溶液中的H^+将地质聚合物中的Na^+、K^+以及Ca^{2+}等离子置换出来，使得地质聚合物三维网状结构中的电荷失衡，地质聚合物中的三维立体网状结构被破坏，导致地质聚合物试样抗压强度降低。

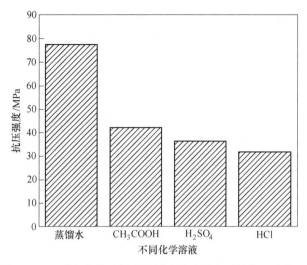

图 5-23 地质聚合物试样在不同溶液中浸泡后的抗压强度

由图 5-24 可知地质聚合物在蒸馏水浸泡后 Cu^{2+} 浸出浓度最低，而在 HCl 溶液中浸泡后 Cu^{2+} 浸出浓度最高，达到 42.8mg/kg，在 H_2SO_4 溶液中浸泡后 Cu^{2+} 浸出浓度达到 36.7mg/kg，低于浸出毒性鉴别标准（国标）中的最高允许风险值的 100mg/kg，与 HCl 溶液相差无几。相较于前两种酸溶液，在 CH_3COOH 溶液中浸泡后 Cu^{2+} 浸出浓度较低，分析其原因是 H_2SO_4 溶液和 HCl 溶液中含有 H^+ 会破坏地质聚合物中的三维立体网状结构，导致地质聚合物固化 Cu^{2+} 的效果变差，同时 H^+ 还会置换出 Cu^{2+}，使得因为离子交换作用而被固化在无定形凝胶结构中的 Cu 重新变为游离态，当溶液中的 H^+ 浓度越大，对地质聚合物试样的侵蚀程度

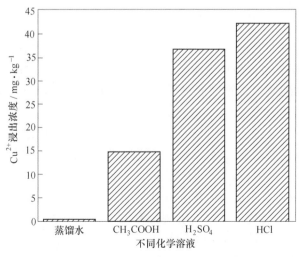

图 5-24 地质聚合物试样在不同溶液中浸泡后 Cu^{2+} 浸出浓度

也就越大。因此 CH_3COOH 溶液对铜尾矿地质聚合物试样的侵蚀能力要小于 H_2SO_4 溶液和 HCl 溶液。

5.4　本章小结

本章分析了各种铜尾矿资源利用的方法以及地质聚合物的性能特点之后，以铜尾矿为主要原料，通过添加偏高岭土以及碱性激发剂来制备地质聚合物，然后通过强化铜尾矿来探究不同化学活化剂、化学活化剂的添加量以及煅烧温度对活化地质聚合物性能的影响，最后探讨在最佳条件下制备的铜尾矿地质聚合物的耐高温性能以及抗化学侵蚀性能。通过实验，本章的主要结论如下：

（1）通过单因素实验以及正交实验，发现影响地质聚合物性能的最主要影响因素是水灰比，其次是偏高岭土掺量，最后是碱激发剂模数，制备铜尾矿地质聚合物原料配比的最佳方案为水灰比 0.3，偏高岭土掺量为 20%，碱激发剂模数为 1.4，在此种条件下制备的地质聚合物试样 3d、28d 的抗压强度分别为79.8MPa、88.8MPa，均优于《通用硅酸盐水泥》（GB 175—2020）中硅酸盐水泥的 62.5R 等级。对在最佳条件下制备的地质聚合物做 Cu^{2+} 毒性浸出浓度检测，发现 Cu^{2+} 浸出浓度远低于浸出毒性鉴别标准（国标）中的最高允许风险值的100mg/kg，固化效率达到了 99% 以上，这说明地质聚合物对于铜尾矿中的 Cu^{2+}有着良好的固化性能。

（2）对不同养护龄期的铜尾矿地质聚合物微观结构进行分析，发现不同养护龄期下的地质聚合物矿物组成基本相同，主要以白云石、二氧化硅为主，随着养护龄期的增长，铜尾矿中的矿物持续受到碱激发剂的作用，溶解出活性 Si、Al并参与了地质聚合反应，同时由于铜尾矿中 Ca 的存在，在发生地质聚合反应的同时还发生了水化反应，生成了 C-S-H 等无定形凝胶物质，这进一步的加强了地质聚合物的性能。

（3）对铜尾矿进行强化处理，可以增强制备的地质聚合物的性能，NaOH 和Na_2CO_3 由于其碱性可以破坏铜尾矿中的 Al—O 和 Si—O，使得活性 Si、Al 更容易溶出，制备的地质聚合物性能更强，同时由于 NaOH 比 Na_2CO_3 的碱性更强，因此最佳化学活化剂为 NaOH，通过煅烧铜尾矿也可以活化铜尾矿，但是需要控制好煅烧温度，温度过低不足以破坏 Al—O 和 Si—O，温度过高时又会使得铜尾矿中充当骨架结构的矿质结构被破坏使得制备出的地质聚合物的性能降低，通过实验得出，最佳温度为 600℃。同理，通过实验得出化学活化剂的最佳添加量为6%。结合前文数据，在煅烧温度为 600℃，NaOH 活化剂添加量为 6% 的条件下制备出的 3d 地质聚合物试样的抗压强度为 82.5MPa，地质聚合物中 Cu^{2+} 浸出浓度为 281μg/kg，活化后的地质聚合物对 Cu^{2+} 的固化效率 99.8%，活化后地质聚合物性能良好。

（4）通过对不同活化剂活化后的地质聚合物进行表征，发现活化后的地质聚合物中白云石和二氧化硅等矿物组分相对未活化的地质聚合物减少，这说明通过强化铜尾矿，使得铜尾矿中的活性 Si、Al 进一步溶出，并且 Si—O 或 Al—O 的吸收峰发生了偏移，这也说明了铜尾矿中的 Si—O 和 Al—O 被破坏，铜尾矿中活性 Si、Al 更容易溶出，生成了更多的致密凝胶物质，最终使得地质聚合物性能进一步提高。

（5）对在最佳条件下制备的铜尾矿地质聚合物进行耐性测试，发现在温度为 800℃时，地质聚合物试样的抗压强度损失率为 70.4%，比在同种状态下普通硅酸盐水泥抗压强度损失率的 80% 要低，并且此时地质聚合物中 Cu^{2+} 浸出浓度为 42.1mg/kg，仍低于浸出毒性鉴别标准（国标）中的最高允许风险值的 100mg/kg，这说明铜尾矿地质聚合物耐高温性能良好。试样在 H_2SO_4 溶液和 HCl 溶液浸泡后的抗压强度损失率分别为 66.1% 和 61.5%，低于普通硅酸盐水泥在 H_2SO_4 溶液和 HCl 溶液浸泡后抗压强度损失率的 95% 和 97%，同时地质聚合物在 HCl 溶液中浸泡后 Cu^{2+} 浸出浓度为 42.8mg/kg，在 H_2SO_4 溶液中浸泡后 Cu^{2+} 浸出浓度为 36.7mg/kg，均低于浸出毒性鉴别标准（国标）中的最高允许风险值的 100mg/kg，因此，铜尾矿地质聚合物耐化学侵蚀性能良好。

6 铜尾矿-偏高岭土/粉煤灰 复合胶凝材料的制备

本章主要以活化后的尾矿为主要原材料，通过加入恰当比例的铝质校正剂在碱激发剂作用下制备地质聚合物胶凝材料并测试其力学性能。Xu H 等通过不同硅铝原料的复合来调节地质聚合物反应的进行，目的是使各种原料的结构性质、表面性质和元素组成等方面形成互补。由于铜尾矿中 Al_2O_3 含量较少，因此添加适量偏高岭土作为铝质校正剂，加入少量粉煤灰进一步调节 $m(SiO_2)/m(Al_2O_3)$，以无水硅酸钠（水玻璃）作为碱激发剂，通过氢氧化钠调节水玻璃模数使水玻璃达到最佳性能，制备铜尾矿基地质聚合物（以下简称地质聚合物），采用单因素试验及正交试验的研究方法，通过响应曲面法探讨水玻璃模数、水玻璃掺量、$m(SiO_2)/m(Al_2O_3)$ 和养护条件对地质聚合物抗压强度的影响，从而确定最佳的制备工艺。并通过 XRD、FTIR 以及 SEM 等分析检测表征尾矿基地质聚合物的微观结构，并揭示其成型的机理。

6.1 胶凝材料的制备实验

构成地质聚合物的基础主体结构单元是 SiO_4 四面体单体和 AlO_4 四面体单体，因此，地质聚合物反应—Si—O—Si—键和—Al—O—Si—键能否交替重组受到原尾矿 $m(Si)/m(Al)$ 比的直接影响，会决定空间连续稳定结构的形成。由于本实验采样的铜尾矿中 Al_2O_3 含量较少，因此添加适量偏高岭土作为铝质校正剂，加入一定量的偏高岭土可以有效地弥补粉煤灰地聚合反应前期的收缩效应，从而在一定程度上阻止了地质聚合物胶凝体系前期微收缩裂缝的产生，加入少量粉煤灰进一步调节 $m(SiO_2)/m(Al_2O_3)$，以无水硅酸钠（水玻璃）作为碱激发剂，通过氢氧化钠调节水玻璃模数使水玻璃达到最佳性能，水玻璃中加入氢氧化钠的作用是给反应体系提供强碱性环境，在 OH^- 的侵蚀作用下，先从硅铝质原材料的颗粒表面溶出 SiO_4 四面体单体和 AlO_4 四面体单体，激发剂（水玻璃）中的阳离子 Na^+ 及反应体系中的其他金属阳离子（如 Ca^{2+}、K^+、Mg^{2+} 等）用于平衡 AlO_4 四面体与 SiO_4 四面体键合所产生的过剩负电荷。由配位电荷理论计算得出，在地质聚合物网格结构体系中，1mol 四配位 Al^{3+} 需要 1mol 碱金属阳离子 M^+ 来进行平衡电荷。由于在实际的地聚合反应过程中，会有部分数量的硅铝原材料不能参与到地质聚合物反应中，所以在试验设计时可以主要考虑 $m(SiO_2)/m(Al_2O_3)$

的影响从而制备铜尾矿基地质聚合物达到良好力学性能。

6.1.1 实验方法

铜尾矿地质聚合物胶凝材料的制备和分析主要分为四个部分：（1）地质聚合物浆体制备；（2）浇注至模具中成型养护；（3）脱模养护；（4）抗压强度测试。

（1）地质聚合物浆体制备。

1）取一定质量研磨过筛经活化后的铜尾矿原料置于混合容器中；按所需比例加入偏高岭土和粉煤灰。

2）取一定质量的氢氧化钠溶于液态水玻璃溶液中调节至所需的水玻璃模数，搅拌均匀至无固体物质并放置 3min 使其温度降至室温，制得碱激发剂。

3）将上述所得碱激发剂与铜尾矿或铜尾矿复合粉体混合，持续匀速搅拌 5min，使激发剂与粉体混合均匀。

（2）浇注至模具中成型养护。

1）将上述混合均匀后的浆体倒入 40mm×40mm×20mm 的金属制模具中，水平振动模具，使浆体填充整个模具、排出浆体中反应产生的气泡。

2）待浆体初步凝固后，将模具放入标准养护箱中养护 48h，养护条件温度为 50℃、湿度为实验室内的湿度。

（3）脱模养护。达到一定养护时间后（通常情况下 48h），将模具从养护箱中取出并脱模，将固化体置于干燥常温状态下继续养护 28d，待测。

（4）抗压强度测试。力学性能作为水泥类试验品的首要指标，对地质聚合物胶凝材料同样如此，只有达到良好的抗压强度，考虑其他方面的测试及应用才有价值，本节通过抗压强度反应地质聚合物基本配比设计，通过抗压强度评价地质聚合物胶凝材料的力学性能。图 6-1 为铜尾矿碱激发胶凝材料制备流程图。

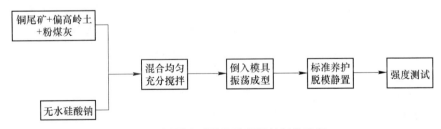

图 6-1　铜尾矿碱激发胶凝材料制备流程

6.1.2 激发剂种类对地质聚合物胶凝材料的影响

利用硅铝质尾矿资源化利用制备胶凝材料时，碱性激发剂是必不可少的试剂，常用的碱激发剂包括：氢氧化钠、氢氧化钾、水玻璃、无水硅酸钠、碳酸钠、无水硫酸钠等。碱激发剂的共同特点是其溶液呈碱性，当碱性偏弱时，激发剂的活性不能较好地被激发出来；因此在使用碱激发剂时需要调节其碱性，使碱激发剂在制备地质聚合物胶凝材料时更好地发挥作用，并使其达到良好的抗压强度。

本实验以氢氧化钠、氢氧化钾、无水硅酸钠（液态水玻璃）、无水硫酸钠为碱激发剂与经过 800℃ 热活化的铜尾矿作用，探究不同碱激发剂对铜尾矿产生的影响。由于氢氧化钠、氢氧化钾为固态物质；选择氢氧化钠、氢氧化钾掺量为 12%、14%、16%、18% 和 20%。液态水玻璃（液态，模数为 3.3，SiO_2 含量为 27.3%，Na_2O 含量为 8.54%）掺量为 10%、20%、30%、40%、50%，液固比为 0.3。

硅酸钠作为碱激发剂制备地质聚合物胶凝材料的激发机理为：

（1）首先是硅酸钠玻璃体的水化作用，释放出部分 OH^-，反应式如式（6-1）所示：

$$2\,Na_2O \cdot nSiO_2 + 2(n+1)\,H_2O \longrightarrow nSi(OH)_4 + NaOH \longrightarrow$$
$$nSiO_2(活性) + 2nH_2O + NaOH \tag{6-1}$$

（2）溶液中的 OH^-，使尾矿中的 Ca—O 及 Mg—O 键断裂，溶出 Ca^{2+} 和 SiO_4^{4-} 离子，随着 Ca^{2+} 浓度、扩散能力增大，与活性 SiO_4^{4-} 发生反应，生成 C-S-H 凝胶，反应式如式（6-2）所示：

$$SiO_2(活性) + Ca(OH)_2 \longrightarrow CaO \cdot SiO_2 \tag{6-2}$$

（3）最后一步 C-S-H 凝胶逐渐形成，逐渐填充于浆体中，使得浆体中离子迁移速度、反应速度变慢，整个体系的水化率降低，反应逐渐趋于平衡。

由图 6-2 碱激发剂种类对铜尾矿地质聚合物胶凝材料抗压强度的影响可知：无论是氢氧化钠、氢氧化钾还是硅酸钠、硅酸钾，随着掺量的增加，地质聚合物胶凝材料的抗压强度呈先增加后降低的形态。对比上述四种碱激发剂，因为氢氧化钾和氢氧化钠对铜尾矿的活化能力相对较差，制备得到的地质聚合物抗压强度较低。氢氧化钠掺量在 18% 时抗压强度最高达到 4MPa，氢氧化钾掺量在 16% 抗压强度达 3.3MPa。而硅酸钠和硫酸钠相较于氢氧化钾和氢氧化钠效果更好；硅酸钠掺量在 30% 时，强度达到 8.6MPa，硫酸钠掺量在 30% 时达到 6.5MPa。硅酸钠中随着掺量的增加，使浆体体系中的玻璃体体系、碱含量增加，有利于铜尾矿中的硅铝成分溶出形成 AlO_4 四面体和 SiO_4 四面体，但当液态水玻璃掺量继续提高时，浆体中过量的可溶性活性硅增加，先溶出的硅铝组分与溶液中的活性硅发生聚合反应，使原材料表面形成阻隔，不利于原料中的硅铝组分进一步溶出，出现胶凝材料的抗压强度降低的情况，因此本实验选择无水硅酸钠（水玻璃）作为碱激发剂。

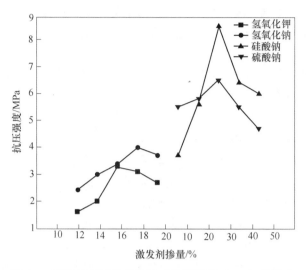

图 6-2 碱激发剂种类及掺量对抗压强度（28d）的影响

6.1.3 激发剂模数对地质聚合物胶凝材料的影响

通过前期的探索实验，选择无水硅酸钠作为制备地质聚合物胶凝材料的碱激发剂，将水泥养护箱的温度设为 50℃，水与固体混合物的水灰比为 30，铜尾矿中掺入 20% 偏高岭土（$m(SiO_2)/m(Al_2O_3) = 3.2$），地质聚合物的养护时间为 7d，实验选择不同碱激发剂的模数分别为 1.0、1.4、1.8、2.2、2.6，进行单因素实验，其结果如图 6-3 所示。

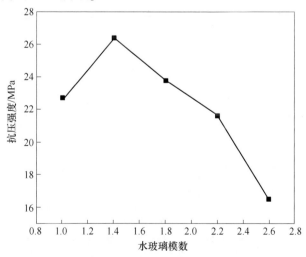

图 6-3 不同水玻璃模数对地质聚合物试样抗压强度的影响

由图 6-3 分析得到，随着水玻璃模数的增加，铜尾矿地质聚合物抗压强度先上升后下降，水玻璃模数在 1.4 时地质聚合物强度最高，超过 1.4 以后强度逐渐下降。

水玻璃溶液不仅有胶体的特征，而且有溶液特征；水玻璃胶团由胶核、吸附层、扩散层 3 部分组成，其中，胶核比表面积较大，是 SiO_2 的聚合体，具有很强的吸附性，首先吸附部分核离子，再吸附一部分较近的 Na^+ 构成胶粒，这样胶粒带负电，在胶粒周围还松弛地吸附着部分带正电荷的 Na^+ 构成扩散层，水玻璃胶团整体为电中性；当模数为 $1.2 \sim 1.4$ 时，水玻璃在碱性较强的环境中激发性能更强，Na_2O 相对含量增加，由于反应系统中 Na_2O 与 SiO_2 是呈比例存在的，水玻璃对矿渣的激发作用显著增强，颗粒表面 Al^{3+}，Si^{4+}，Ca^{2+} 明显增多，生成的水化产物多相互搭结形成更加稳定的网络结构，以提供较高的强度；因此地质聚合物抗压强度较大。当模数为 $1.8 \sim 2.6$ 时，溶液中碱度降低，Na_2O 相对含量减少，不利于与铜尾矿中的硅铝形成稳定的网络结构，导致地质聚合物抗压强度降低。

6.1.4　激发剂掺量对地质聚合物胶凝材料的影响

通过上述水玻璃模数实验，将水泥养护箱的温度设为 50℃，水与固体混合物的水灰比为 30，铜尾矿中掺入 20% 偏高岭土（$m(SiO_2)/m(Al_2O_3) = 3.2$），地质聚合物的养护时间为 7d，选择碱激发剂的模数为 1.4，进行碱激发剂不同掺量单因素实验，其结果如图 6-4 所示。

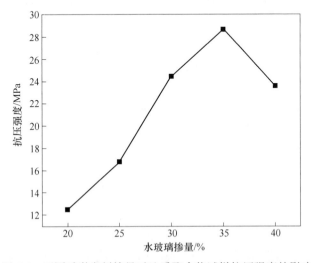

图 6-4　不同碱激发剂掺量对地质聚合物试样抗压强度的影响

由图 6-4 分析得到，随着水玻璃掺量的增加，铜尾矿地质聚合物抗压强度呈现先上升，掺量为35%时地质聚合物抗压强度最高，而后逐渐下降，水玻璃掺量最终决定了反应中 SiO_2 和 Na_2O 的浓度。随着水玻璃掺量逐渐增大，SiO_2 和 Na_2O 的浓度逐渐升高，因此，会加快尾矿的激发速度和胶凝材料的反应速率；但掺量增加相应的会导致水玻璃溶液整体的黏度增大，随着黏度的增大，逐渐会在尾矿表面形成阻隔，反应降低了碱激发剂的激发速率和反应速度，不利于地质聚合物强度的提高，因此在碱激发剂掺量超过35%时地质聚合物强度会逐渐降低。

6.1.5 不同 $m(SiO_2)/m(Al_2O_3)$ 对地质聚合物胶凝材料的影响

通过上述水玻璃模数实验，将水泥养护箱的温度设为50℃，水与固体混合物的水灰比为30，地质聚合物的养护时间为7d，选择碱激发剂的模数为1.4，激发剂掺量为35%进行反应体系中不同 $m(SiO_2)/m(Al_2O_3)$ 单因素实验，在调配 $m(SiO_2)/m(Al_2O_3)$ 时加入不同比例偏高岭土和粉煤灰其结果如图6-5所示。

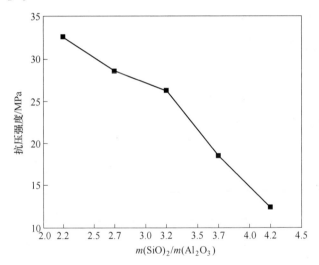

图 6-5 不同 $m(SiO_2)/m(Al_2O_3)$ 对地质聚合物试样抗压强度的影响

由图6-5分析得到，随着 $m(SiO_2)/m(Al_2O_3)$ 的增加，铜尾矿地质聚合物抗压强度逐渐降低，由于原尾矿 Al_2O_3 的含量偏低，需要加入不同比例铝质校正剂偏高岭土和粉煤灰，反应体系中 $m(SiO_2)/m(Al_2O_3)$ 比为 2.2 时，地质聚合物胶凝材料的抗压强度达到最大值，为本实验在此硅铝原材料配比下地质聚合物胶凝材料的 $m(SiO_2)/m(Al_2O_3)$ 比为最优配比，此时反应体系内 $[SiO_4]^{4-}$ 和 $[AlO_4]^{5-}$ 基团的数量在合适的比例范围。随着 $m(SiO_2)/m(Al_2O_3)$ 比逐渐增大，反应体系中 $[AlO_4]^{5-}$ 基团过多而 $[SiO_4]^{4-}$ 基团过少，地质聚合物抗压强度逐渐降低；因此铜尾矿与铝质校正剂最佳 $m(SiO_2)/m(Al_2O_3)$ 比为 2.2。

6.2　响应曲面优化分析

　　响应面分析法，即响应曲面设计方法（Response Surface Methodology，RSM），是利用合理的试验设计方法并通过实验得到一定数据，通过对回归方程的分析来寻求最优工艺参数，解决多变量问题的一种统计方法。单因素试验由于无法在各个离散的数据间建立明确的数字关系，而且单因素试验只能表示某单一因素对实验结果产生的影响，无法探讨因素之间交互作用对结果产生的影响。而响应曲面法采用多元二次回归方程来拟合因素与响应值之间的函数关系，在各因素之间建立起明确的函数关系，进而通过函数关系得出最佳试验条件。

　　响应曲面法是运用相对较为广泛的试验优化方法，相较于其他试验方法，响应曲面法可以通过建立连续的曲面模型，评价某因子对试验的影响以及不同因子之间的交互作用，响应曲面法广泛的运用于材料工程领域，响应面法的优点是优化试验条件，减少试验过程。

6.2.1　模型建立及实验

　　本实验采用 Design-Expect 软件中的 Box-Behnken 设计方法进行响应曲面试验设计，实验条件：水泥养护箱温度设置为 50℃，水与固体混合物的液固比为 30，地质聚合物的养护时间为 14d，选择碱激发剂的模数为 1.2、1.4 和 1.6，激发剂掺量为 30%、35%、40%，$m(SiO_2)/m(Al_2O_3)$ 为 2.2、2.7 和 3.2，选取水玻璃模数（A）、水玻璃掺量（B）、$m(SiO_2)/m(Al_2O_3)$（C）设计三因素三水平响应面分析，本次正交实验选择见表 6-1 和表 6-2。

表 6-1　Box-Behnken Design 因素及水平

水平/因素	水玻璃模数（A）	水玻璃掺量（B）/%	$m(SiO_2)/m(Al_2O_3)$（C）/%
−1	1.2	30	2.2
0	1.4	35	3.7
1	1.6	40	3.2

表 6-2　Box-Behnken Design 实验设计及结果

实验	A	B	C	抗压强度/MPa
9	0	−1	−1	36.4
5	−1	0	−1	38.6
2	1	−1	0	35.4
13	0	0	0	41.5

实验	A	B	C	抗压强度/MPa
11	0	−1	1	32.4
16	0	0	0	43.6
6	1	0	−1	43.6
3	−1	1	0	32.8
10	0	1	−1	42.2
12	0	1	1	31.2
4	1	1	0	38.4
8	1	0	1	34.6
7	−1	0	1	26.3
15	0	0	0	40.8
14	0	0	0	39.7
17	0	0	0	46.4
1	−1	−1	0	31.7

从表 6-3 可知，该模型的显著性水平 P 为 0.0034 远低于 0.005，说明本实验选择模型显著；失拟误差值 $P=0.8042>0.05$，说明失拟没有显著性，该回归方

表 6-3 响应面方差分析

方差来源	平方和	自由度	均方	F 值	P 值	显著性
Model	435.07	9	48.34	9.64	0.0034	显著
A	63.85	1	63.85	12.74	0.0091	
B	9.46	1	9.46	1.89	0.2119	
C	164.71	1	164.71	32.86	0.0007	
AB	0.9025	1	0.90	0.1800	0.6841	
AC	2.72	1	2.72	0.5431	0.4851	
BC	12.25	1	12.25	2.44	0.1620	
A^2	60.80	1	60.80	12.13	0.0102	
B^2	68.21	1	68.21	13.61	0.0078	
C^2	33.60	1	33.60	6.70	0.0360	
残差	35.09	7	5.01			
失拟误差	6.99	3	2.33	0.3318	0.8042	不显著
纯误差	28.10	4	7.03			
总和	470.16	16				

程与实验拟合性较好。通过图表中比较 F 值可得出结论各因素对实验结果影响 $C(SiO_2/Al_2O_3)>A($水玻璃模数$)>B($水玻璃掺量$)$，数据表明模型选择相对合理。

6.2.2　响应曲面结果分析

如图 6-6 所示各因素相互作用 3D 曲面所示，水玻璃模数（A）；水玻璃掺量（B）；$m(SiO_2)/m(Al_2O_3)$（C）之间均存在相互作用，抗压强度在选定的 $m(SiO_2)/m(Al_2O_3)$ 区间逐渐降低，是因为在原料配比中由于 $m(SiO_2)/m(Al_2O_3)$ 变大，导致反应体系中 $[AlO_4]^{5-}$ 基团与 $[SiO_4]^{4-}$ 基团失衡，地质聚合物抗压强度逐渐降低；从图 6-6 中可知，该模型显示活化后铜尾矿地质聚合物胶凝材料的抗压强度存在最大稳定点。参照《通用硅酸盐水泥标准》（GB 175—2020），45R 强度等级的普通硅酸盐水泥 3d 抗压强度须达到 22MPa，28d 达到 42.5MPa。

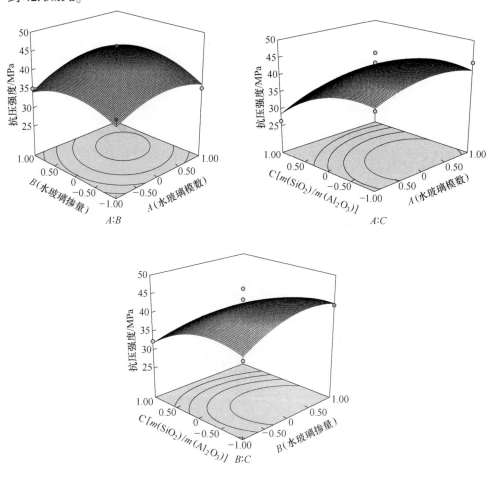

图 6-6　各因素相互作用 3D 曲面所示

从响应面优化结果可分析得出,其理论最佳实验结果为:$m(SiO_2)/m(Al_2O_3) = 2.268$;水玻璃模数 $= 1.460$,水玻璃掺量 $= 36.701$;在同等实验条件:养护箱温度50℃,液固比为30,养护时间为14d的理论抗压强度为44.97MPa。

6.2.3 正交验证及水泥对比实验

通过上述实验采用Design-Expect软件中的Box-Behnken设计方法进行响应曲面试验设计,选择水玻璃模数(A)、水玻璃掺量(B)、$m(SiO_2)/m(Al_2O_3)$(C)三种因素进行正交实验,从响应面优化结果可分析得出,其理论最佳实验结果为:$m(SiO_2)/m(Al_2O_3) = 2.268$;水玻璃模数 $= 1.460$,水玻璃掺量 $= 36.701$;养护箱温度50℃,液固比为30,本小节在此最佳实验条件的基础上,利用等质量相当水泥代替碱激发剂,研究水泥对比实验及不同养护时间对地质聚合物胶凝材料抗压强度影响如图6-7所示。

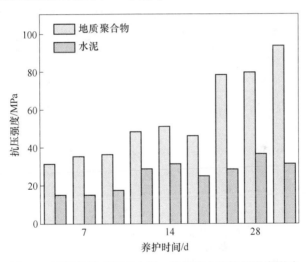

图6-7 不同养护时间对水泥、地质聚合物抗压强度影响

通过对图6-7分析可知,硅酸盐水泥和铜尾矿反应与活化后铜尾矿与碱激发剂反应制备的地质聚合物抗压强度在不同养护时间差距明显。其中,碱激发剂地质聚合物在养护14d抗压强度在50MPa左右,与上述响应曲面优化后的最佳实验条件结果相接近,同时验证了响应曲面优化的实验结果,在养护27d时地质聚合物抗压强度有较大的提升达到90MPa左右,随着养护时间延长,地质聚合物性能提升更加明显,养护时间越长,地质聚合物体系中溶解和缩聚的时间越长,进而加快 SiO_2 和 Al_2O_3 的溶解形成的网络结构更加稳定,因此地质聚合物强度有明显的提升。反观硅酸盐水泥参与反应的水泥基体其抗压强度明显低于碱激发

地质聚合物基体，分析其原因，一方面是铜尾矿本身粒径较小，水泥的水化反应先是由颗粒表面水化然后逐渐深入到内层颗粒水化的过程，水化反应开始相对较快，但紧接着由于尾矿粒径小，随着颗粒表面形成的凝胶膜逐渐增多，水分子将很难进入到颗粒内层，导致水化速率变得非常缓慢，强度很难有较大提升；另一方面硅酸盐水泥需要达到良好的效果需要配比不同的粒径级数，需要掺加相适应的外加剂才能进一步提升其强度。

6.2.4　地质聚合物微观结构表征

通过上一节响应面优化得到的最优配比，以此最优配比为条件制得地质聚合物抗压强度最佳的铜尾矿复合胶凝材料，通过 XRD 测试微观结构。

图 6-8 是通过最优配比实验条件得到地质聚合物产物的 XRD 图，从图中发现地质聚合物胶凝材料相比原料衍射峰有明显差异，物质组成及结构上发生极大的改变，其中有白云石晶相出现；在 22°、28° 和 34° 出现了 C-A-S-H 的衍射峰，其主要结构中硅氧四面体是变形的孤立四面体，生成新的无定型凝胶相，C-A-S-H相对制备地质聚合物有很大增益效果，原尾矿原料中的部分石英及白云石虽未完全参与反应，但是大部分硅铝酸盐相都发生了溶解—重构—聚合等与硅铝链反应形成较为稳定的网络状结构，使地质聚合物具有良好的强度。

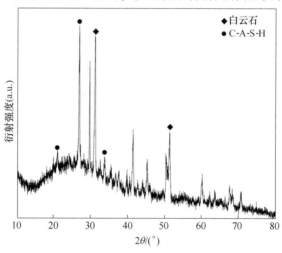

图 6-8　地质聚合物 XRD 图

6.3　胶凝材料性能评价及耐性研究

6.3.1　胶凝材料性能评价

通过正交响应面优化结果分析得出铜尾矿地质聚合物制备胶凝材料的最佳配

比，得到其14d养护时间正交试验理论抗压强度为44.97MPa；并通过实验验证，但仅从抗压强度单一方面评价其性能不能准确的评价地质聚合物胶凝材料表现，因此本节主要通过研究地质聚合物胶凝材料在不同环境介质下其表现来对地质聚合物进行综合评价。

地质聚合物胶凝材料凝结时间（终凝）测定、力学强度试验参照《水泥胶砂强度检验方法》（GB/T 17671—2021）进行，本实验使用型号为INSTRON 5982的电子万能试验机进行地质聚合物抗压强度的测定，每组实验各取3块试样测其抗压强度的平均值作为最终结果，抗压强度计算如式（6-3）：

$$p = \frac{F}{S} \tag{6-3}$$

式中　p——地质聚合物试样的抗压强度，MPa；
　　　F——地质聚合物试样在破碎时的最大压力，N；
　　　S——所测试样与试验机接触面的横截面积，m^2。

6.3.2　胶凝材料耐性研究

6.3.2.1　地质聚合物在不同环境介质中质量变化

将响应优化后得到的制备地质聚合物最佳配比作为实验条件制备地质聚合物养护28d，然后将地质聚合物在去离子水、5%HCl酸溶液（质量分数）、5%NaOH碱溶液（质量分数）以及5%Na_2SO_4盐溶液（质量分数）中浸泡后探究试样的质量变化率随时间的改变，养护时间结束即浸泡0d开始耐酸碱实验，在1d、7d、14d、28d对地质聚合物进行称重观察其在不同环境介质中质量变化过程如图6-9所示。

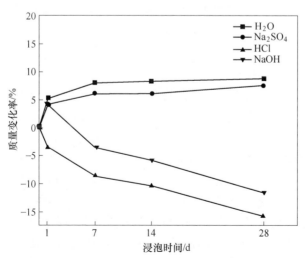

图6-9　地质聚合物在不同介质中浸泡后质量变化率

通过图 6-9 分析可知，地质聚合物胶凝体在去离子水和 Na_2SO_4 盐溶液中质量变化不明显，侧面说明地质聚合物在经去离子水和 Na_2SO_4 盐溶液浸泡后比较稳定，基本没有受到腐蚀，地质聚合物基体具备良好的耐水、耐盐腐蚀性能，地质聚合物胶凝材料试样 5%HCl（质量分数）和 5%NaOH 碱溶液（质量分数）浸泡时，其质量损失随着时间增大，当达到浸泡时间 28d 后其与未浸泡时相比总质量变化率 HCl 酸溶液中为 -15.6%、NaOH 碱溶液中为 -11.6%，分析其原因，该质量损失除了由于地质聚合物中未参与地质聚合物反应物质的溶出以外，还可能与 HCl 酸溶液和 NaOH 碱溶液经过电离而产生的大量的 H^+ 和 OH^- 对地质聚合物试样内部结构造成侵蚀，造成了地质聚合物水解缩聚产物的解聚现象。

通过上图，可以看出地质聚合物基体在 NaOH 碱环境中整个过程的质量变化率要小于在 HCl 酸环境中；究其原因，一方面是由于在制备地质聚合物阶段，地质聚合物胶凝材料是在碱激发下制得的，因此地质聚合物内部未参与反应的物质其耐碱性本身较好，地质聚合物在 HCl 酸溶液中电离产生的大量 H^+ 对地质聚合物胶凝结构的破坏程度较高，导致其表皮发生溶解；另一方面是因为 NaOH 与地质聚合物中玻璃体结构作用形成阻隔膜，其阻碍了 OH 地质聚合物的腐蚀作用；因此，地质聚合物在碱溶液中其质量变化要小于在酸溶液中的质量变化，由此能说明其耐碱性相较于其耐酸性更好。

6.3.2.2 地质聚合物在不同环境介质中抗压强度变化

将响应优化后得到的制备地质聚合物最佳配比作为实验条件制备地质聚合物养护 28d，然后将地质聚合物在去离子水、5%HCl 酸溶液（质量分数）、5%NaOH 碱溶液（质量分数）以及 5%Na_2SO_4 盐溶液（质量分数）中浸泡后探究试样的抗压强度变化率随时间的改变，养护时间结束即浸泡 0d 开始进行耐酸碱实验，在 1d、7d、14d、28d 对地质聚合物进行强度测试，观察其在不同环境介质中抗压强度变化过程如图 6-10 所示。

由图 6-10 可知，地质聚合物在去离子水和 5%Na_2SO_4 盐溶液（质量分数）中浸泡 28d 后其抗压强度变化不明显，抗压强度保留率分别可达 90.5% 和 86.7%，在两种浸泡介质中的抗压强度保留率相当；但在 5%HCl 酸溶液（质量分数）中其抗压强度只达到 36.7%，在 5%NaOH 碱溶液（质量分数）中其抗压强度达到 68.7%；在 NaOH 碱溶液中的抗压强度保留率高于在酸溶液中。地质聚合物在酸碱溶液中其强度损失主要还是由于电离产生的 H^+、OH^- 对地质聚合物结构的破坏，地质聚合物在反应过程中起缩聚反应的产物主要是 AlO_4^-，而 AlO_4^- 不容易溶于水，但却能溶于强酸强碱中，因此地质聚合物的耐水耐盐性能良好，但耐酸碱性能就相对较差。由上图分析可知地质聚合物在酸溶液中的 28d 抗压强度保留率远低于在碱溶液中；究其原因，H^+ 对地质聚合物的腐蚀程度高导致地质聚合物结构破裂，从而导致地质聚合物强度大大降低，而地质聚合物在 NaOH

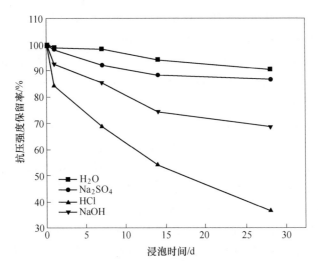

图 6-10 地质聚合物在不同介质中浸泡后抗压强度变化率

碱溶液中溶解出来的 Al^{3+} 和 PO_4^{3-} 等物质会反应生成 $AlPO_4$ 沉淀，在一定程度上阻碍了 NaOH 对地质聚合物的进一步侵蚀，从而导致地质聚合物的耐碱腐蚀较强于耐酸腐蚀，其耐碱性能优于耐酸性能。

6.4 本章小结

本章主要以活化后的尾矿为主要原材料，通过加入恰当比例的铝质校正剂在碱激发剂作用下制备地质聚合物胶凝材料并测试其力学性能，由于铜尾矿中 Al_2O_3 含量较少，因此添加适量偏高岭土作为铝质校正剂，加入少量粉煤灰进一步调节 $m(SiO_2)/m(Al_2O_3)$，以无水硅酸钠（水玻璃）作为碱激发剂，通过氢氧化钠调节水玻璃模数使水玻璃达到最佳性能，制备铜尾矿基地质聚合物。

（1）通过单因素实验，确定无水硅酸钠作为铜尾矿制备地质聚合物胶凝材料最佳碱激发剂，单因素试验中水玻璃模数在 1.4 时地质聚合物强度最高，当模数为 1.2~1.4 时，激发剂在相对较强的碱性环境中，激发剂速率和激发程度更加明显，Na_2O 相对含量增加，使得水玻璃对矿渣的激发作用显著增强，当模数为 1.8~2.6 时，溶液中碱度降低，Na_2O 相对含量减少，水玻璃对矿渣的激发作用较弱不利于与铜尾矿中的硅铝形成稳定的网络结构，导致地质聚合物抗压强度降低。水玻璃掺量为 35% 时地质聚合物抗压强度最高，而后逐渐下降，水玻璃掺量最终决定了反应中 SiO_2 和 Na_2O 的浓度。随着水玻璃掺量逐渐增大，SiO_2 和 Na_2O 的浓度逐渐升高，因此，会加快尾矿的激发速度和胶凝材料的反应速率；但掺量增加亦会导致水玻璃溶液整体黏度增大，随着黏度的增大，逐渐会在尾矿表面形成阻隔，反应降低了碱激发剂的激发速率和反应速度，不利于地质聚合物强度的提高，因此在碱激发剂掺量在超过 35% 时地质聚合物强度逐渐降低。确定 $m(SiO_2)/m(Al_2O_3)$ 比单因素实验时，随着 $m(SiO_2)/m(Al_2O_3)$ 的增加，铜尾矿地质聚合物抗压强度逐渐降低，体系 SiO_2/Al_2O_3 比为 2.2 时，地质聚合物胶凝材料的抗压强度达到最大值，$m(SiO_2)/m(Al_2O_3)$ 比为最优比，此时反应体系内 $[SiO_4]^{4-}$ 和 $[AlO_4]^{5-}$ 基团的数量在合适的比例范围。

（2）本实验采用 Design-Expect 软件中的 Box-Behnken 设计方法进行响应曲面试验设计，从响应面优化结果可分析得出，其理论最佳实验结果为：$m(SiO_2)/m(Al_2O_3)=2.268$；水玻璃模数 = 1.460，水玻璃掺量 = 36.701；通过响应曲面方差分析图表中比较 F 值可得出结论各因素对实验结果影响 $C(m(SiO_2)/m(Al_2O_3))>A$（水玻璃模数）$>B$（水玻璃掺量），数据表明模型选择相对合理；通过水泥对比实验及养护时间对抗压强度的影响，发现硅酸盐水泥参与反应的水泥基体其抗压强度明显低于碱激发地质聚合物基体，随着养护时间的延长，地质聚合物性能提升更加明显，养护时间越长，地质聚合物体系中溶解和缩聚的时间越长，进而加快 SiO_2 和 Al_2O_3 的溶解形成的网格结构更加稳定，地质聚合物强度更高；通过最优配比实验条件得到地质聚合物产物的 XRD 图，发现地质聚合物胶凝材料相比原料衍射峰有明显差异，物质组成及结构上发生极大的改变，其中有白云石晶相出现；在 22°、28° 和 34° 出现了 C-A-S-H 的衍射峰，其主要结构中硅氧四面体是变形的孤立四面体，生成新的无定型凝胶相，C-A-S-H 相对制备地质聚合物有很大增益效果，原尾矿原料中的部分石英及白云石虽未完全参与反应，但是大部分硅铝酸盐相都发生了溶解—重构—聚合等与硅铝链反应形成较为稳定网络状结构，使地质聚合物具有良好的强度。

（3）地质聚合物胶凝体在去离子水和 Na_2SO_4 盐溶液中质量变化不明显，侧面说明地质聚合物在经去离子水和 Na_2SO_4 盐溶液浸泡过后比较稳定，基本没有受到腐蚀，地质聚合物基体具备良好的耐水、耐盐腐蚀性能，地质聚合物胶凝材料试样经 5%HCl 酸溶液（质量分数）和 5%NaOH 碱溶液（质量分数）浸泡时，其质量损失随着时间增大，当浸泡时间达到 28d 后其与未浸泡时相比总质量变化率 HCl 溶液为 -15.6%、NaOH 溶液中为 -11.6%，分析其原因，该质量损失除了由于地质聚合物中未参与地聚合物反应物质的溶出以外，还可能与 HCl 溶液和 NaOH 溶液经过电离而来产生的大量的 H^+ 和 OH^- 对地质聚合物试样内部结构侵蚀，造成了地质聚合物水解缩聚产物的解聚现象。

（4）地质聚合物的抗压强度保留率在不同介质浸泡中有所不同，地质聚合物在去离子水和 5%Na_2SO_4 盐溶液（质量分数）中浸泡 28d 后其抗压强度变化不明显，抗压强度保留率分别可达 90.5% 和 86.7%，在两种浸泡介质中的抗压强度保留率相当；但在 5%HCl 溶液（质量分数）中其抗压强度只达到 36.7%，在 5%NaOH 碱溶液（质量分数）中其抗压强度达到 68.7%；在 NaOH 溶液中的抗压强度保留率高于在酸溶液中。地质聚合物在酸碱溶液中其强度损失主要还是由于电离产生的 H^+、OH^- 对地质聚合物结构的破坏，地质聚合物在反应过程中起缩聚反应的产物主要是 AlO_4^-，而 AlO_4^- 不容易溶于水中但却能溶于强酸强碱中，因此地质聚合物的耐水耐盐性能良好但耐酸碱性能就相对较差，地质聚合物在酸溶液中的 28d 抗压强度保留率远低于在碱溶液中；由于 H^+ 对地质聚合物的腐蚀程度高导致地质聚合物结构破裂，从而导致地质聚合物强度大大降低，而地质聚合物在 NaOH 溶液中溶解出来的 Al^{3+} 和 PO_4^{3-} 等物质会反应生成 $AlPO_4$ 沉淀，一定程度阻碍 NaOH 对地质聚合物进一步侵蚀，从而导致地质聚合物的耐碱腐蚀较强于耐酸腐蚀，其耐碱性能优于耐酸性能。

7 地质聚合物胶凝材料分子模拟及机理

综合国内外对地质聚合物胶凝结构研究进展可以发现，国内外已有部分学者通过一些实验手段和分子模拟技术对凝胶的基本单元组成、整体结构等进行相关研究和模拟，但对无定形凝胶的结构特性及表征研究较少，尤其是不同 Ca/Si 比下凝胶体系的结构变化规律，因此本章通过选择出最佳的初始结构和模拟参数，利用分子模拟技术制备出无定形凝胶结构，并采用合理的结构参数对所得体系进行有效计算，对地质聚合物胶凝材料结构进行研究，由于本实验所采用的铜尾矿其 CaO 含量相对较高，属于高钙体系，因此借助分子模拟软件构建出凝胶的初始结构，并对所构建的分子结构进行优化处理，计算初始结构和最终无定形结构的性能参数。

7.1 分子模拟概述

分子模拟技术是一种基于 PC 端的计算模拟方法，通过运用一些模拟软件，将试验得到的原始结构数据化，将数据导入软件构建物质模型，验证其合理性后确定物质微观结构。分子模拟不仅可以在分子层面模拟物质的结构，还能够模拟物质发生反应前后分子的运动变化，这使其在科学研究中的作用愈加明显。目前使用较为广泛的分子模拟软件有 Nanoscale Molecular Dynamics（NAMD）、Vienna Ab-initio Simulation Package（VASP）和 Materials Studio（MS）等。NAMD 是在计算机上快速模拟大分子体系并进行动力学模拟的代码包，使用经验力场，通过数值求解运动方程计算原子轨迹。NAMD 是众多计算模拟软件中并行处理最好的，可以支持几千个 CPU 运算，模拟体系原子数可达 $10^3 \sim 10^6$ 个，适合模拟蛋白质、核酸、细胞膜等体系。VASP 是维也纳大学 Hafner 小组开发的运用平面波赝势方法进行电子结构计算和量子力学–分子动力学模拟的软件包，通过近似求解 Schrödinger 方程得到体系的电子态和能量，既可以在密度泛函理论（DFT）框架内求解 Kohn-Sham 方程，也可以在 Hartree-Fock（HF）的近似下求解 Roothaan 方程；VASP 可以自动确定任意构型的对称性，利用对称性可设定 Monkhorst-Pack 特殊点，便于高效计算体材料和对称团簇，不过，软件运行基于 Linux 操作系统，操作不及 MS 方便。MS 是美国 Accelrys 公司在 2000 年专门为材料科学领域研究设计的一款 PC 端运行的模拟软件，能够构建分子、固体及表面等结构模型，通过运用第一性原理近似求解薛定谔方程，预测材料的物理化学性质，以及模拟催化、聚合等化学反应。MS 在 Windows、Linux 操作系统中均可运行，界面友好，包含 4 大板块 23 个模块，实用方便，但其开放性不如 VASP，且并行效率不高。分子模拟方法主要包括量子力学和经典力学。量子力学模拟方法包括以 DFT 为依据的第一性原理计算法、半经验法（Semi-enpirical）和从头算法（Ab initial）。经典力学模拟方法主要有分子力学方法（MM）、分子动力学方法（MD）和蒙特卡罗方法（MC）等。高岭石分子模拟研究中，使用的方法有第一性原理计算法、分子力学法、分子动力学法和蒙特卡罗方法。第一性原理计算法根据轨道近似、非相对论近似和玻恩近似建立计算模型，并对薛定谔方程作近似处理，只需基本物理量就能用从头算法进行模拟计算，无须任何经验参数对物质体系的性质和结构进行预测和分析，这种计算结果比半经验法应用程度更好。通过将多粒子转化成多电子的量子力学方法，帮助解决了许多难以解释的物理化学问题。

7.2 分子模拟及其类型

近几年分子模拟技术作为热门的新兴研究方法，广泛应用在材料研究领域。分子模拟技术具有指导实验方向，不受实验条件限制，最大限度地避免人为实验所带来的误差等优点。经典力学模拟方法主要有分子力学方法（MM）、分子动力学方法（MD）和蒙特卡罗方法（MC）等。

7.2.1 蒙特卡罗方法（简称 MC）

早在 20 世纪 50 年代，MC 方法就应用到聚合物科学的研究之中。开创性的工作是 Wall 在为研究聚合物链的排除体积问题时所做的蒙特卡罗模拟。基本模拟过程是在某些系统条件下，在两相间粒子的位置转移或将系统内粒子进行随机的位移、转动。MC 方法的理论核心就是一种通过 Metropolis 抽样方法，进行实验统计的计算机模拟方法，建立概率模型，进而通过对所建立的抽样模型计算来得到实际问题的近似反映。MC 方法在研究材料和环境科学方面涉及的吸附分离方面的问题有着非常重要的价值，经常被用来探究体系的平衡性质以及材料的微观机构特性。

蒙特卡罗方法是一种基于热力学进行随机抽样的统计计算方法，抽样是蒙特卡罗方法的核心原理。在系统条件下，采用 Metropolis 抽样方法，生成微观粒子随机构型，Boltzmann 分布逐渐趋近于平衡后，根据给定的分子位能函数，将粒子间内能加和，得到能量数据。具体计算中每产生一个随机状态，粒子都包含 3 种可能的操作：粒子的插入、删除和移动。

（1）粒子插入。在体系中的随机位置插入一个粒子，概率为：

$$p_{ins}(N \to N+1) = \min\left(1, \frac{V}{\forall^3(N+1)}\exp\{\beta[\mu - U(N+1) + U(N)]\}\right)$$

（2）粒子删除。在体系中随机删除一个粒子，概率为：

$$p_{del}(N \to N-1) = \min\left(1, \frac{\forall^3 N}{V}\exp\{-\beta[\mu + U(N-1) - U(N)]\}\right)$$

（3）粒子移动。在体系中随机选取一个粒子移动到另一位置，概率为：

$$p_{move}(s \to s') = \min(1, \exp\{-\beta[U(s'^N) - U(s^N)]\})$$

式中，U 为构型总势能，J/mol；V 为体系体积，m³；N 为粒子数；μ 为化学势，J/mol；$\forall$ 为德布罗意波长，m；$\beta = 1/k_B T$；s 和 s' 为移动前后粒子在体系中的状态。

7.2.2 分子动力学方法（简称 MD）

分子动力学方法（MD）在化学、物理、材料学等学科的众多领域得到广泛应用，是一种重要的计算机模拟方法。模拟过程是从分子力的计算开始，基于牛顿力学原理，在一定的系综条件下，通过探究每个粒子的牛顿力学方程的求解规律进而得到系统的粒子的势能和动量与时间的关系，进而通过对时间进行的积分，获得体系的宏观性质，例如系统的压力、能量、黏度等，以及组成粒子的空间分布。

这两种方法可以按照原子或分子的排列和运动的模拟以实现宏观物理量的计算，不仅可以直接模拟许多物质的宏观凝聚特性，得出与实验结果相符合或可比拟的计算结果，而且可以提供微观结构、粒子运动以及它们和物质宏观性质关系的明确图像，有利于从中提取新的概念和理论，这两种方法又可视为"计算机实验"，利用粒子之间的真实相互作用势，也可用半经验势计算凝聚态物质的结构和热力学性质，从而很方便地对相互作用与宏观性质之间的关系进行考察，据此提出有关物理现象的理论。

MD 模拟结果准确与否的关键在于对系统内的原子之间相互作用势函数的选取，总的来说，原子（或分子）之间的相互作用势的研究进展一直很缓慢，在一定程度上制约了 MD 方法在实际研究中的应用。原子间的势函数的发展经历了从对势到多体势的过程，对势认为原子之间的相互作用是两两之间的作用，与其他原子的位置无关，而实际上，在多原子体系中，一个原子的位置不同，将影响其他原子间的有效相互作用，所以，多体势能更准确地表示多原子体系势函数。

分子动力学方法是一门将数学、化学和物理结合成一体的方法。以牛顿第二定律为基础，描述模拟分子体系的运动变化，从系统中抽取样本计算构型函数，求解得到模拟体系中原子或分子的位移、速度、加速度等数据。通过对系统内分子运动轨迹进行分析处理，可以得到粒子的径向分布函数、均方位移以及自扩散系数等，随后利用得到的数据对粒子的性质进行分析，分子动力学模拟方法的主要流程见图 7-1。分子动力学模拟，是指对于原子核和电子所构成的多体系统，用计算机模拟原子核的运动过程，并从而计算系统的结构和性质，其中每一原子核被视为在全部其他原子核和电子所提供的经验势场作用下按牛顿定律运动。

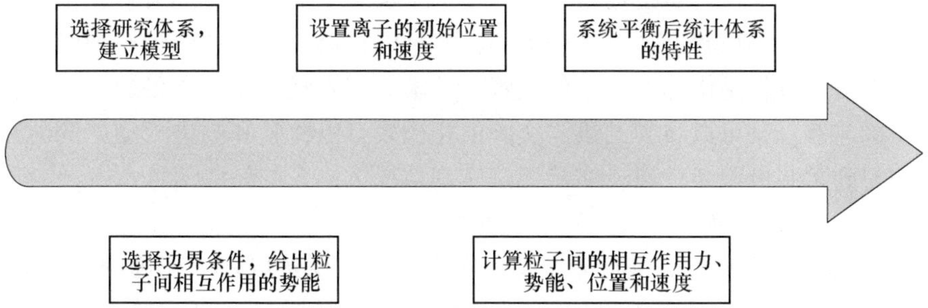

图 7-1　分子动力学模拟流程图

对于非平衡系统，其分子动力学模拟的过程包括初始条件和边界条件的确定、牛顿方程的有限差分求解和作为时间函数的感兴趣量的提取。对于平衡系统，其分子动力学模拟的过程与非平衡系统的差别在于感兴趣量及边界条件与时间无关。

其中，初始设置的位置和速度是随机选择的，依靠温度和速度大小进行校正，校正结果保证了体系总动量（P）为零（见式（7-1））。

$$P = \sum_{i=1}^{N} m_i v_i = 0 \qquad (7-1)$$

式中，m_i 为第 i 个原子的质量；v_i 为第 i 个原子的速度；N 为体系原子数。

$$\rho(v_{ix}) = (m_i \pi / PT)^{1/2} \exp\left(\frac{1}{2} - m_i v_{ix} \right) \qquad (7-2)$$

其中一定速度下体系的温度（瞬时）可通过公式（7-3）求得：

$$T = \frac{1}{3N K_B} \sum_{i=1}^{N} \frac{|P_i|^2}{2m_i} \qquad (7-3)$$

式中，N 为体系原子数；m_i 为第 i 个原子的质量，g；P_i 为第 i 个原子的动量，J；K_B 为 Bolzmann 常数，1.38066×10^{-23} J/K。

分子力学模拟方法是根据经典力学中的分子力场进行计算模拟的。计算时有三个基于核间的近似假设：（1）不考虑电子本身运动和分子力场参数的基础上，根据某一个原子的原子核所在位置，即波恩-奥本海默近似；（2）分子是通过化学键作用聚集起来的原子团；（3）分子的基本单元在不同的分子中仍然具有结构上的相似。只考虑分子中化学键的伸缩、旋转和键角的变化，通过能量数值描述变化，寻找合适力场中势能最低的稳定构型，其中力场选择的正确与否决定了计算结果是否可靠。

分子动力学模拟方法首先是由 Alder 和 Wainwright 提出的。其基本原理是使用一个含有有限个分子并且有周期性边界条件的立方盒子，从该体系某一设定的位能模型出发，通过计算机模拟求解微元中全部分子的牛顿运动方程，记录它们在各个不同时刻的位置、速度和受力等，然后统计得到体系的各种热力学、结构和迁移性质，也就是由体系粒子的微观性质求算其宏观性质。它可被用来检验理论的正确与否，又可以将其结果与实验值相比较，以检验和改进模型，同时还可以模拟得到某些极限条件以及实验无法实现情况下体系的一些信息。

7.2.2.1　分子动力学模拟的基本步骤简介

（1）确定研究对象。进行分子动力学模拟首先要选取一个明确的研究对象。对于同一对象，由于研究的目的不同，在实际模拟过程中所采用的系综也有差别：例如在模拟过程中如果体系的能量守恒，则要采用微正则系综；如果粒子数、体积和温度不变，则要采用正则系综；而对于粒子数、压力和温度不变的情况，应该选择 NPT 系综；当然对于体系粒子数发生变化的情况，则要选取巨正则系综。确定了研究对象和系综之后在体系中取一个包含若干（百个）分子或离子的微元，通过对其性质研究，来获得所需要的宏观体系的有关性质。

（2）建立位能模型。位能模型的建立是进行分子动力学模拟最为重要的一个环节。位能模型是对体系分子或离子之间相互作用势的反映，模拟能否成功取决于能否准确地选择位能模型。由于研究范围的广泛性和研究对象的复杂性，分子间相互作用模型也不完全相同：例如对于简单分子，常采用硬球、软球、Leonard-Jones 位能、Kihara 位能、Stock Meyer 位能等模型；而对于复杂分子，可采用多中心的位置—位置相互作用模型，但各中心间的相互作用仍然采用简单位能函数；对于带电分子或离子还需引入 Coulomb 相互作用。

（3）分子运动方程的建立。分子动力学方法的出发点是对物理系统确定的微观描述。这种描述可以是哈密顿描述或拉格朗日描述，也可以是直接用牛顿运动方程来描述。每种描述都将给出一组运动方程，运动方程的具体形式由分子间相互作用势，即位能模型所确定。MD 方法的具体做法就是在计算机上求分子运动方程的数值解。采用适当的格式对方程进行近似，即以离散替代连续、以差分替代微分，建立一个有限差分格式；对该差分格式方程组进行求解，可以在相空间中生成一条路径，沿这条路径可计算出所期望的体系的各种性质。

（4）初始化位型。模拟时首先要初始化位型分布，即首先要给定微元中分子的初始位置和初始速度。分子初始位置分布有多种，最为常用的是面心立方晶格分布；分子起始速度按 Maxwell 分布取样。

（5）周期性边界条件。由于受计算机硬件的限制，不可能对一个真正的宏观系统直接实施模拟，通常选取小数体系（几十个到数千个分子）作为研究对象，但由于位于表面和内部的分子受力差别较大，将会产生表面效应。为消除此效应，同时建造出一个准无穷大体积，使其可以更精确地代表宏观系统，必须引入周期性边界条件：把小数体系看作一个中心元胞，此中心元胞被与中心元胞相同的其他元胞包围，当某分子离开中心元胞时，该分子将在整个点格上移动以致它从中心元胞对面重新进入这个元胞。

（6）位能截断。对于分子数为 N 的模拟体系，原则上任何两个分子间都存在相互作用，那么在计算体系位能时须进行 $N(N-1)/2$ 次运算，一般情况下要占总模拟时间的 80%左右，非常消耗机时。为提高计算效率，在实际模拟过程应进行位势截断，最为常用的方法是球形截断法，截断半径一般取 2.5σ 或 3.6σ（σ 为分子的直径），对截断距离之外分子间相互作用能按平均密度近似的方法进行校正。

（7）实施模拟。在周期性边界条件、时间平均等效于系综平均等基本假设之上，通过求解体系的运动方程组得到各粒子在不同时刻的位置和速度。体系达到充分平衡后，再经过几千、几万甚至几十万步的运算，体系的一些热力学参量可以通过统计平均得出。

7.2.2.2 分子动力学模拟用途介绍

分子动力学模拟的基本初衷是在计算机上"重现"自然界的真实过程，后者包括实际上已经发生的过程，还包括实验条件尚不许可的过程。为此要求势函数越真越好，否则会带来误差，然而，分子动力学模拟还特别适合于实现那些不必与实验室实验定量符合，但能说明或证实一些定性结论的"思想实验"。

为了研究材料在空间和时间的各个特征尺度上的性质和规律，或者跨越所有空间和时间的特征尺度，去预测材料的宏观性质和规律，近年来，提出了多尺度计算机模拟。这里需要把量子力学计算（即第一原理计算）、分子动力学模拟和有限元计算结合起来，可以采用同时积分或级联积分的方法。前者指各种相互关联的模拟在一次计算机实验中同时考虑，后者指在相继完成的模拟之间通过适当的参数转移相联系。各个特征尺度上模拟结果之间的连接是问题的关键。对于具有复杂势能面的结构，为了找出所有的局部极小点，提出了分子动力学模拟淬火法，其步骤是先从某一高温出发进行 MD 模拟，若干步后突然停止，并用最速下降法、共梯度法或 Newton-Raphson 法等方法追索势能极小点，然后回到上次的突然停止处重新出发，重复上述步骤，经过多次重复，将能把全部局部极小点找出。

7.3 分子模拟对胶凝材料的探索

分子模拟技术是目前在计算机模拟方面相对比较热门，它是以量子力学为基础，在分子、原子水平上计算出微观粒子之间的相互作用。分子动力学模拟其优点是可以对大量原子的系统进行分析处理，计算追踪出原子在体系中的运动轨迹，为得到的性能提供理论依据。分子动力学模拟方法也可以建立微观量、宏观量或者可测量之间的联系。分子模拟技术通常被广泛应用预测、解释各种反应机理和材料活性，分子模拟会涉及动力学、统计力学及原子结构等方面，因此分子模拟技术划分为量子力学、介观动力学、分子力学、分子动力学、蒙特卡罗等。量子力学较其他方法更偏向理论计算，几乎能计算到体系中的所有分子，包括电子密度、化学成键、过渡态等，这一种方法精确度很高，但伴随的计算量也非常巨大，往往用作实验室理论推导。蒙特卡罗法是基于随机概率论基础上的方法，特点是随机性强，在研究未知物质、结构不确定时具有独特优势，张云升等的研究表明，在地质聚合物中 Si 主要以 $SiQ_4(2Al)$ 和 $SiQ_4(4Al)$ 的形式存在，Al 以 $AlQ_4(4Si)$ 的形式存在；施惠生以 Na 原子、H_2O 分子和 Si_2AlO_{10} 基团作为基本单元成功构建了地质聚合物凝胶模型，证明蒙特卡罗方法可以用来构建 N-A-S-H 凝胶结构模型。考虑到蒙特卡罗方法自身具有随机性特征与且无定形凝胶制备可能存在某些共同特点，因此选择这一方法对地质聚合物进行探索性研究。

7.3.1　基本单元的构建和优化

利用蒙特卡罗法构建地质聚合物凝胶结构时需要先确定凝胶组成的基本单元和单元数目，首先在 Materials Visualizer 模块中先构建出 Na、Ca、H_2O、OH 及 Si_2AlO_{10}（Si—Al—Si）结构模型，基本单元构建完成后在 DMol3 模块中对所建 H_2O、OH 及 Si_2AlO_{10}（Si—Al—Si）结构单元进行几何优化，优化后各基本单元结构模型如图 7-2 所示。

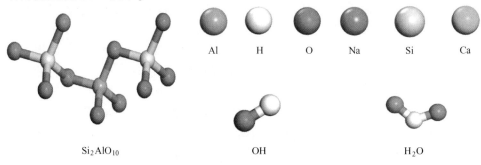

| Al | H | O | Na | Si | Ca |

Si_2AlO_{10}　　　　　　　OH　　　　　　　H_2O

图 7-2　优化后基本单元结构模型

7.3.2　胶凝结构的参数设置

由于在制备地质聚合物胶凝材料时的铜尾矿中 Ca 含量较高，因此本章内容主要研究 C-A-S-H 模型，通过对地质聚合物胶凝体系结构模型进行结构优化和分子动力学模拟计算，研究 Ca 含量对地质聚合物凝胶体系径向分布函数（RDF）、结构参数以及不同的 Ca 含量对地质聚合物胶凝结构中化学键长的影响，C-A-S-H 结构模型以 Hamid 的 Tobermorit $[Ca_4Si_6O_{14}(OH)_4 \cdot 2H_2O]$ 结构为基础，将部分硅链上的 Si 原子用 Al 原子取代得到，C-A-S-H 凝胶结构模型密度目标参数设为 $2.0g/cm^3$。构建凝胶结构模型时各基本结构单元数量见表 7-1。

表 7-1 不同 Ca 含量的地质聚合物凝胶结构模型的基本单元数

序号	$m(Ca)/m(Si)$	Na	Ca	Si_2AlO_{10}	H_2O	OH
1	0.4	20	10	13	6	10
2	0.6	15	10	8	5	10
3	0.8	10	10	6	4	10
4	1.0	5	10	5	3	10

7.3.3 构建胶凝结构模型及优化

通过上述基本单元构建和优化，通过计算出不同 Ca 含量的基本单元数，在研究 C-A-S-H 和 C-S-H 时，Puertas 通过实验和模拟计算，将碱活化渣（AAS）水泥中 C-A-S-H 凝胶结构模型和普通硅酸盐水泥（OPC）中 C-S-H 结构模型作了比较，认为其所构建的胶凝结构模型相对比较准确地解释了目标材料的力学性能，研究了 C/S（钙硅比）对结构和力学性能的影响。本实验参考 Puertas 的研究方法，将不同比例的 C-A-S-H 凝胶混合，以 Na 原子、Ca 原子、H_2O 分子、OH 基团及 Si_2AlO_{10}（Si—Al—Si）基团构建不同钙含量的地质聚合物凝胶结构模型（C/S 表示）；最终地质聚合物凝胶结构模型见图 7-3。

参考 C-A-S-H 凝胶结构密度将地质聚合物凝胶密度的目标参数设置为 2.0g/ cm^3，然后对所构建胶凝结构模型进行几何优化，对已构建的凝胶初始结构模型使用 Focrite 模块进行几何优化和分子动力学模拟，首先使用 Focrite 模块中的 Geometry optimization，最大优化步数选择为 1000 步，分别分 3 步对体系进行几何结构优化（Steepest、Quasi-Newton、Newton-Raphson 方法）。之后使用 Dynamics，

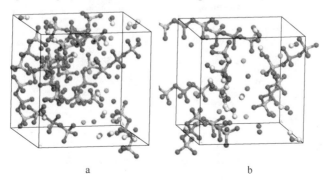

a   b

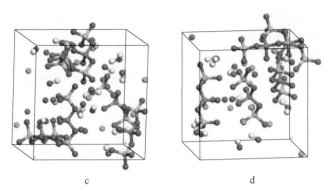

图 7-3　不同 Ca 含量的地质聚合物凝胶结构模型

a—$m(Ca)/m(Si) = 0.4$;　b—$m(Ca)/m(Si) = 0.6$;

c—$m(Ca)/m(Si) = 0.8$;　d—$m(Ca)/m(Si) = 1.0$

而后进行分子动力学模拟，将结构体系先后在 NPT 系综下和 NVT 系综下进行时长为 100ps 的优化，以使体系分子达到平衡稳定状态，本分子模拟实验选择使用 Universal 力场作为所建模及计算的力场。结构优化及分子动力学模拟后最终地质聚合物胶凝结构模型见图 7-4。

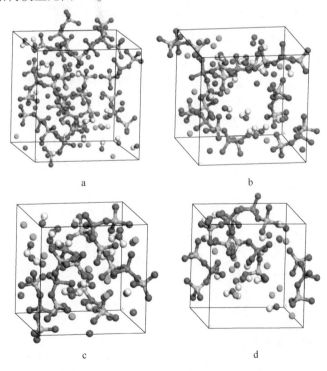

图 7-4　优化后地质聚合物凝胶结构模型

a—$m(Ca)/m(Si) = 0.4$;　b—$m(Ca)/m(Si) = 0.6$;

c—$m(Ca)/m(Si) = 0.8$;　d—$m(Ca)/m (Si) = 1.0$

7.4 结果分析及计算

在完成地质聚合物胶凝结构模型分子动力学模拟时，可以获得体系当中分子运动轨迹，由模拟的结构模型体系运动轨迹可以计算出体系当中径向分布函数，计算了分子动力学模拟后结构模型的总径向分布函数和体系中 Si—O 键、Al—O 键、Ca—O 键和 O—O 键在 0.1~1nm 范围的径向分布函数，计算结果如图 7-5 所示。

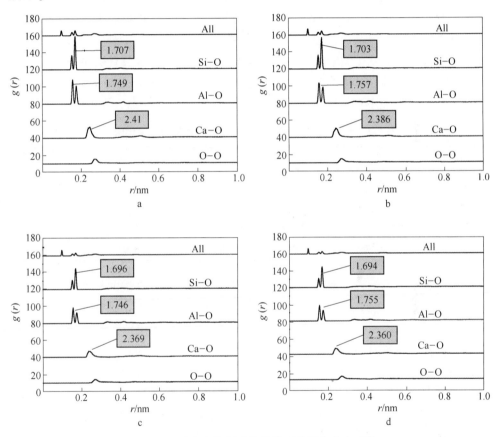

图 7-5 地质聚合物凝胶结构模型的径向分布函数

a—$m(Ca)/m(Si) = 0.4$; b—$m(Ca)/m(Si) = 0.6$;
c—$m(Ca)/m(Si) = 0.8$; d—$m(Ca)/m(Si) = 1.0$

计算结果分析：如图 7-5 所示，地质聚合物胶凝结构的总径向分布函数主要集中在 0.1~0.5nm 范围内，0.5~1nm 范围内 $g(r)$ 总体趋近于 1，这说明原子间整体分布呈现近程有序、远程无序，也说明此结构符合地质聚合物凝胶结构的特点，地质聚合物凝胶中 Si—O 键、Al—O 键、Ca—O 键和 O—O 键径向分布函数第一峰位置附峰分裂现象比较明显，说明 Ca 的浓度影响了凝胶结构原子间的成键方式，说明含钙体系中 Si—O 键、Al—O 键、Ca—O 键和 O—O 键成键类型多样化。其中 Ca—O 键径向分布函数图形中出现了较多的 Ca—O，其峰形相较于其他原子对的峰形显得更宽、更低；说明 Ca 可以和距离自身比较远的 O 原子形成 Ca—O 键，Ca—O 键的成键范围比其他原子对的成键范围相对就更广。

根据径向分布函数中的各原子对第一峰所处位置可以求得其平均键长，本实验是计算在 Universa 力场下不同 Ca 含量的地质聚合物凝胶体系结构模型的平均键长，统计结果如表 7-2 所示；由表 7-2 可知其中 Si—O 键以及 O—O 键的平均键长随着钙含量的升高而减短，所构建的含钙地质聚合物凝胶体系结构中 Al—O 键的平均键长均为 0.1750nm 左右，含钙量提升对 Al—O 键没有明显的影响，说明 Ca 的改变对 Al—O 键成键没有影响，Al—O 键的距离长短与含钙没有关系，该结论与周崇松关于 C-S-H 在 Al 掺杂后 Al—O 键的长短与 C/S 无关的结论一致。

表 7-2 不同 Ca 含量的地质聚合物凝胶结构模型平均键长 （nm）

结构类型	Al—O	Si—O	O—O	H—O	Ca—O
0.04	0.1749	0.1707	0.2717	0.1007	0.2410
0.06	0.1757	0.1703	0.2714	0.0998	0.2386
0.08	0.1746	0.1696	0.2696	0.0998	0.2369
1	0.1755	0.1694	0.2680	0.1002	0.2360

通过观察平均键长，发现当体系中 C/S 增大时，Ca—O 键的平均键长逐渐变短，这说明 Ca 含量的增加会助于 Ca 与离它自身较远的 O 原子结合成键，使地质聚合物胶凝结构中硅链网络结构更加稳定，这也能从分子模拟角度解释在制备地质聚合物胶凝材料时高钙体系力学性能更好的原因。

7.5 本章小结

（1）借助分子模拟软件构建出凝胶的初始结构，并对所构建的分子结构进行优化处理；计算初始结构和最终无定形结构的性能参数；利用蒙特卡罗法构建地质聚合物凝胶结构确定凝胶组成的基本单元和单元数目，再构建出 Na、Ca、H_2O、OH 及 Si_2AlO_{10}（Si—Al—Si）结构模型，然后在 DMol3 模块中对所构建的 H_2O、OH 及 Si_2AlO_{10}（Si—Al—Si）结构单元进行几何优化；将不同比例的 C-A-S-H凝胶混合，构建出不同钙含量的地质聚合物凝胶结构模型；地质聚合物胶凝结构的总径向分布函数主要集中在 0.1~0.5nm 范围内；0.5~1nm 范围内 $g(r)$ 总体趋近于 1，这说明原子间整体分布呈现近程有序、远程无序，也说明此结构符合地质聚合物凝胶结构的特点。

（2）地质聚合物凝胶中 Si—O 键、Al—O 键、Ca—O 键和 O—O 键径向分布函数第一峰位置附峰分裂现象比较明显，说明 Ca 的浓度影响了凝胶结构原子间的成键方式，说明含钙体系中 Si—O 键、Al—O 键、Ca—O 键和 O—O 键成键类型多样化。其中 Ca—O 键径向分布函数图形中出现了较多的 Ca—O，其峰形相较于其他原子对的峰行显得更宽、更低；说明 Ca 可以和距离自身比较远的 O 原子形成 Ca—O 键，Ca—O 键的成键范围比其他原子对的成键范围相对就更广。通过观察平均键长，发现当体系中 C/S 增大时，Ca—O 键的平均键长逐渐变短，这说明 Ca 含量的增加会助于 Ca 与离它自身较远的 O 原子结合成键，使地质聚合物胶凝结构中硅链网络结构更加稳定，这也能从分子模拟角度解释在制备地质聚合物胶凝材料时高钙体系力学性能更好的原因。

8 结论及展望

8.1 结论

以铜尾矿为原料，煤矸石/偏高岭土/粉煤灰为掺料，通过活化提高其活性，制备铜尾矿复合胶凝材料。本书考查了铜尾矿、煤矸石活化煅烧温度，通过XRD、SEM等技术分析煅烧前后组成成分及结构变化，通过ICP-OES分析其碱浸后活性硅、铝含量；研究了碱激发剂种类、水玻璃掺量、水玻璃模数、煤矸石/偏高岭土掺量等对铜尾矿胶凝材料性能的影响，以抗压强度为主要依据判定胶凝材料性能，同时通过XRD、SEM、FTIR对胶凝材料进行微观结构表征，对胶凝材料中重金属Cu的浸出进行分析，最后通过煅烧、酸/碱浸等对胶凝材料的耐性进行适当研究，主要结论如下：

（1）原料铜尾矿及煤矸石是富含硅铝酸盐的矿物废石，成分组成中含有大量的石英、白云石及高岭石等成分，但由于原料特性，其活性较低，直接利用无法发挥有用组分。

（2）通过煅烧活化后，铜尾矿及煤矸石活性均有提高，煅烧后组成结构及成分发生变化，白云石、石英、高岭土等成分发生分解；且煤矸石活性相比铜尾矿更加高，经碱浸后测得煅烧后铜尾矿中活性硅、铝含量分别为38.42mg/kg、7.32mg/kg，煅烧后煤矸石中活性硅、铝含量为301.6mg/kg、342.3mg/kg。得到铜尾矿及煤矸石最佳活化温度分别为800℃和600℃。

（3）以氢氧化钠、氢氧化钾、液态水玻璃为碱激发剂制备铜尾矿胶凝材料，发现氢氧化钠及氢氧化钾对胶凝材料性能提升并不大，抗压强度均不超过3MPa；液态水玻璃对胶凝材料的提升效果较好，当液态水玻璃掺量为30%时，抗压强度可达5MPa。相比原液态水玻璃，研究了水玻璃模数分别为1.2、1.6、2.0、2.4、2.8，对铜尾矿胶凝材料性能的影响，发现当模数为1.6时其作用最为显著，抗压强度可达11MPa。掺入经600℃煅烧煤矸石后，铜尾矿复合胶凝材料的抗压强度提升明显，当掺量为30%时抗压强度最高，可达到18MPa。

（4）通过响应面优化结果可得出，其理论最佳条件及理论结果为：A（水玻璃掺量）= 39%；B（水玻璃模数）= 1.55；C（煤矸石掺量）= 38%，抗压强度为16.95MPa。在实际操作时去水玻璃掺量为39%、水玻璃模数为1.5、煤矸石掺量为38%，得到抗压强度为17.3MPa，误差值为2%，在合理范围内。

（5）通过 XRD、SEM、FTIR 等方法对胶凝材料微观结构进行表征发现，铜尾矿及煤矸石原料中的部分石英及白云石并不参与反应，而大部分硅铝酸盐相通过溶解-重构-聚合-固化等反应形成胶凝材料后其内部结构颗粒不再是分布均匀的颗粒，而是表面交错，具有一定黏结性的不均匀粒状凝胶产物，FTIR 图也能分析出胶凝材料中 $800cm^{-1}$ 左右 T—O—Si（T 表示 Si、Al）键的不对称伸缩振动，且向低波数移动越来越明显，$1010cm^{-1}$ 左右的峰向高波数移动，表明含硅的高聚物生成，说明聚合物形成较为充分。通过对铜尾矿及煤矸石原料中重金属浸出毒性分析，只有原铜尾矿中的 Cu^{2+} 浸出浓度为 371.92mg/L，超过危险废物鉴别标准的 100mg/L，其他重金属浸出浓度均在标准范围内。同时，比较了水玻璃掺量、水玻璃模数及煤矸石掺量三因素对胶凝材料 Cu^{2+} 浸出浓度的影响发现，煤矸石的掺入对 Cu^{2+} 的稳定效果最好，其浸出范围在 2.2~4.8mg/L，浸出率最高为 1.3%。

（6）对最优条件下制备的胶凝材料进行高温煅烧、酸浸及碱浸等耐性研究发现，温度达到 200℃ 时，胶凝材料的抗压强度有所升高，但是当温度高于 200℃ 时，胶凝材料的抗压强度逐渐下降，是因为高温导致其内部结构受热分解，同时整个过程中都伴随着水分、灰分及结构的分解，从而导致胶凝材料质量不断损失。在酸性条件下浸泡后胶凝材料抗压强度随浓度的增加而降低，同时其质量损失率也逐渐增大，两者成反比关系，当 H_2SO_4 溶液浓度为 1mol/L 时，胶凝材料 14d 抗压强度为 6.8MPa，此时质量损失率为 13.8%。在碱性条件下浸泡后胶凝材料抗压强度随浓度的增加先升高后降低，但其质量损失率在较高碱浓度时才逐渐增大，其表现与酸浸条件下并不相同。当 NaOH 浓度达到 1mol/L 时，胶凝材料 14d 抗压强度为 9.2MPa，质量损失率为 8.5%，耐碱性虽优于耐酸性，但总体而言铜尾矿复合胶凝材料耐腐蚀性较差。

（7）通过单因素实验以及正交实验，发现影响地质聚合物性能的最主要影响因素是水灰比，其次是偏高岭土掺量，最后是碱激发剂模数，制备铜尾矿地质聚合物原料配比的最佳方案为水灰比 0.3，偏高岭土掺量为 20%，碱激发剂模数为 1.4，在此种条件下制备的地质聚合物试样 3d、28d 的抗压强度分别为 79.8MPa、88.8MPa，均优于《通用硅酸盐水泥》（GB 175—2020）中硅酸盐水泥的 62.5R 等级。对在最佳条件下制备的地质聚合物做 Cu^{2+} 毒性浸出浓度检测，发现 Cu^{2+} 浸出浓度远低于浸出毒性鉴别标准（国标）中的最高允许风险值的 100mg/kg，固化效率达到了 99% 以上，这说明地质聚合物对于铜尾矿中的 Cu^{2+} 有着良好的固化性能。

（8）对不同养护龄期的铜尾矿地质聚合物微观结构进行分析，发现不同养护龄期下的地质聚合物矿物组成基本相同，主要以白云石、二氧化硅为主，随着养护龄期的增长，铜尾矿中的矿物持续受到碱激发剂的作用，溶解出活性 Si、Al

并参与了地质聚合反应，同时由于铜尾矿中 Ca 的存在，在发生地质聚合反应的同时还发生了水化反应，生成了 C-S-H 等无定形凝胶物质，这进一步加强了地质聚合物的性能。

（9）对铜尾矿进行强化处理，可以增强制备的地质聚合物的性能，NaOH 和 Na_2CO_3 由于其碱性可以破坏铜尾矿中的 Al—O 和 Si—O，使得活性 Si、Al 更容易溶出，制备的地质聚合物性能更强，同时由于 NaOH 比 Na_2CO_3 的碱性更强，因此最佳化学活化剂为 NaOH，通过煅烧铜尾矿也可以活化铜尾矿，但是需要控制好煅烧温度，温度过低不足以破坏 Al—O 和 Si—O，温度过高时又会使铜尾矿中充当骨架结构的矿质结构被破坏使制备出的地质聚合物的性能降低，通过实验得出，最佳温度为 600℃。同理，通过实验得出化学活化剂的最佳添加量为 6%。结合前文数据，在煅烧温度为 600℃，NaOH 活化剂添加量为 6% 的条件下制备出的 3d 地质聚合物试样的抗压强度为 82.5MPa，地质聚合物中 Cu^{2+} 浸出浓度为 281μg/kg，活化后的地质聚合物对 Cu^{2+} 的固化效率 99.8%，活化后地质聚合物性能良好。

（10）通过对不同活化剂活化后的地质聚合物进行表征，发现活化后的地质聚合物中白云石和二氧化硅等矿物组分相对未活化的地质聚合物减少，这说明通过强化铜尾矿，使得铜尾矿中的活性 Si、Al 进一步溶出，并且 Si—O 或 Al—O 的吸收峰发生了偏移，这也说明了铜尾矿中的 Si—O 和 Al—O 被破坏，铜尾矿中活性 Si、Al 更容易溶出，生成了更多的致密凝胶物质，最终使地质聚合物性能进一步提高。

（11）对在最佳条件下制备的铜尾矿地质聚合物进行耐性测试，发现在温度为 800℃时，地质聚合物试样的抗压强度损失率为 70.4%，比在同种状态下普通硅酸盐水泥抗压强度损失率的 80% 要低，并且此时地质聚合物中 Cu^{2+} 浸出浓度为 42.1mg/kg，仍低于浸出毒性鉴别标准（国标）中的最高允许风险值的 100mg/kg，这说明铜尾矿地质聚合物耐高温性能良好。试样在 H_2SO_4 溶液和 HCl 溶液浸泡后的抗压强度损失率分别为 66.1% 和 61.5%，低于普通硅酸盐水泥在 H_2SO_4 溶液和 HCl 溶液浸泡后抗压强度损失率的 95% 和 97%，同时地质聚合物在 HCl 溶液中浸泡后 Cu^{2+} 浸出浓度为 42.8mg/kg，在 H_2SO_4 溶液中浸泡后 Cu^{2+} 浸出浓度为 36.7mg/kg，均低于浸出毒性鉴别标准（国标）中的最高允许风险值的 100mg/kg，因此，铜尾矿地质聚合物耐化学侵蚀性能良好。

（12）借助分子模拟软件 Materials Studio 构建出凝胶的初始结构，并对所构建的分子结构进行优化处理；计算初始结构和最终无定形结构的性能参数。计算结果显示，地质聚合物胶凝结构的总径向分布函数主要集中在 0.1~0.5nm 范围内，0.5~1nm 范围内 $g(r)$ 趋近于 1，说明原子间整体分布呈现近程有序、远程无序，也说明此结构符合地质聚合物凝胶结构的特点，地质聚合物凝胶中 Si—O

键、Al—O 键、Ca—O 键和 O—O 键径向分布函数第一峰位置分裂现象比较明显，说明 Ca 的浓度影响了凝胶结构原子间的成键方式。Ca—O 键径向分布函数图形中出现了较多的 Ca—O，其峰形相较于其他原子对的峰行显得更宽、更低；说明 Ca 可以和距离自身比较远的 O 原子形成 Ca—O 键，Ca—O 键的成键范围比其他原子对的成键范围相对就更广。根据径向分布函数中的各原子对第一峰所处位置可以求得其平均键长，其中 Si—O 键以及 O—O 键的平均键长随着钙含量的升高而减短，含钙量提升对于 Al—O 键没有明显的影响，Al—O 键的距离长短与含钙没有关系，通过观察平均键长，发现当体系中 C/S 增大时，Ca—O 键的平均键长逐渐变短，这说明 Ca 含量的增加会助于 Ca 与离它自身较远的 O 原子结合成键，使地质聚合物胶凝结构中硅链网络结构更加稳定，这也能从分子模拟角度解释在制备地质聚合物胶凝材料时高钙体系力学性能更好的原因。

（13）通过地质聚合物耐酸碱实验分析得知，地质聚合物胶凝体在去离子水和 Na_2SO_4 盐溶液中质量变化不明显，地质聚合物基体具备良好的耐水、耐盐腐蚀性能。地质聚合物胶凝材料在 5%HCl 酸溶液（质量分数）和 5%NaOH 碱溶液（质量分数）浸泡时，其质量损失随着时间增大，当达到浸泡时间 28d 后其与未浸泡时相比总质量变化率 HCl 溶液中为 −15.6%、NaOH 溶液中为 −11.6%，该质量损失除了由于在酸碱环境下地质聚合物中未参与反应物质的溶出以外，还可能与 HCl 溶液和 NaOH 溶液经过电离产生的 H^+ 和 OH^- 对地质聚合物内部结构侵蚀，造成了地质聚合物水解缩聚产物的解聚现象。通过地质聚合物在不同环境介质中的质量变化可以看出地质聚合物基体在 NaOH 碱环境中整个过程的质量变化率要小于在 HCl 酸环境中，因为地质聚合物内部未参与反应的物质其耐碱性本身较好，地质聚合物在 HCl 溶液中电离产生的大量 H^+ 对地质聚合物胶凝结构的破坏程度较高，导致其表皮发生溶解；另一方面是因为 NaOH 与地质聚合物中玻璃体结构作用形成阻隔膜，其阻碍了 OH^- 地质聚合物的腐蚀作用；因此，地质聚合物在碱溶液中其质量变化要小于在酸溶液中的质量变化，由此能说明其耐碱性相较于其耐酸性更好。地质聚合物在去离子水和 5%Na_2SO_4 盐溶液（质量分数）中浸泡 28d 后其抗压强度变化不明显，抗压强度保留率分别可达 90.5% 和 86.7%，在这两种浸泡介质中的抗压强度保留率相当；但在 5%HCl 酸溶液（质量分数）其抗压强度只达到 36.7%，在 5%NaOH 碱溶液（质量分数）中其抗压强度达到 68.7%。地质聚合物在酸碱溶液中其强度损失主要还是由于电离产生的 H^+、OH^- 对地质聚合物结构的破坏，地质聚合物在反应过程中起缩聚反应的产物主要是 AlO^{4-}，而 AlO^{4-} 不容易溶于水，但却能溶于强酸强碱中，因此地质聚合物的耐水耐盐性能良好但耐酸碱性能就相对较差。地质聚合物在 NaOH 溶液中溶解出来的 Al^{3+} 和 PO_4^{3-} 等物质会反应生成 $AlPO_4$ 沉淀，一定程度阻碍 NaOH 对地质聚合物进一步侵蚀，导致地质聚合物的耐碱腐蚀较强于耐酸腐蚀。

8.2　展望及建议

近年来，由于铜尾矿及煤矸石等大宗固体废物对周围生态环境带来了不少的问题并产生了一定的威胁，对大宗固体废物的研究及资源化利用的热度只会增不会减，充分发挥铜尾矿、煤矸石等各类大宗固体废物中的有利成分，对我国生态环境修复、社会及经济可持续发展、资源化利用等方面具有极大的价值。同时以铜尾矿这类活性较低的硅铝酸盐矿物为主要原料制备碱激发胶凝材料的研究还需要进一步的完善，本书从铜尾矿、煤矸石、偏高岭土、粉煤灰的基本特性分析入手，对铜尾矿复合胶凝材料的制备进行了部分的研究，虽然取得了一定的效果，但仍然有一些问题需要进一步的研究，主要有以下几点：

（1）由于铜尾矿特性使得各地区、各矿山其矿物组成及化学组成上具有比较大的差异，本书仅对某一矿山的铜尾矿进行研究，不具有代表性。应该对不同地区不同矿山的铜尾矿进行鉴别分类，找到具有一定普适性的方法，使其得到大规模的利用。

（2）对铜尾矿和煤矸石采用高温煅烧的活化方式虽能提高其活性，但由于液态水玻璃和氢氧化钠的加入，使得胶凝材料制备的成本和能耗较高，应该找到一种低能耗、低成本的活化处理和制备方法。

（3）本书对铜尾矿胶凝材料的研究主要包括了抗压强度、微观结构、重金属浸出等，但微观结构和重金属浸出的研究相对较浅显，并没有进行系统的研究。建议后期研究中对固化机理或重金属浸出进行较为系统和全面的研究。

（4）通过活化和碱激发所制备的铜尾矿胶凝材料抗压强度较低，总体而言铜尾矿复合胶凝材料耐腐蚀性较差。同时煤矸石虽为大宗固体废物，但在铜尾矿周边地区产得并不多，应考虑其他固体废物与铜尾矿进行互掺，寻求高效合理的方法制备高性能铜尾矿复合胶凝材料，才能对铜尾矿进行大规模的资源化利用。

（5）本研究所用的强化方法涉及添加化学活化剂和煅烧，虽然地质聚合物性能得到了提升，但是强化的成本较大，后期可以考虑其他成本相对低廉的强化方式。

（6）本研究虽然成功制备出了性能良好的铜尾矿基地质聚合物胶凝材料，但其在实际工程中的应用还有待考察，需要后续结合工程实际深入研究各工艺参数。

（7）在本书研究的基础上，可以拓宽激发剂、添加剂的范围使其改性，以求达到更高的力学性能和稳定性，使其能在材料领域发挥作用。

（8）本书对其分子结构模拟、计算不够深入，未来可以借助更加多元、更加全面的电子计算手段探究其机理，在基础研究发挥更好效能。

（9）本书研究虽然在强度方面取得一定成果，但缺乏对其长期稳定性研究，因此可以在此书基础上对其较长时间的耐水、耐风化、耐酸碱进行深度探索。

参 考 文 献

［1］ 余良晖，贾文龙，薛亚洲. 我国铜尾矿资源调查分析 ［J］. 金属矿山，2009，V39（8）：179～181.

［2］ 中国资源综合利用年度报告（2014）［J］. 再生资源与循环经济，2014（10）：3～8.

［3］ 张彪，姜春志. 铜尾矿资源综合利用及研究进展 ［J］. 世界有色金属，2019（18）：125～126.

［4］ 孙鑫，宁平，唐晓龙，等. 大宗工业固体废物污染源环境风险评价方法对比分析 ［J］. 矿冶，2012（4）：103～108.

［5］ John Temitope Kolawole, Adewumi John Babafemi, Ebenezer Fanijo, et al. State-of-the-art review on the use of sugarcane bagasse ash in cementitious materials ［J］. Cement and Concrete Composites, 2021, 118：103975.

［6］ Lv Xingdong, Shen Weiguo, Wang Lei, et al. A comparative study on the practical utilization of iron tailings as a complete replacement of normal aggregates in dam concrete with different gradation ［J］. Journal of Cleaner Production, 2019, 211：704～715.

［7］ Adeyemi Adesina. Overview of the influence of waste materials on the thermal conductivity of cementitious composites ［J］. Cleaner Engineering and Technology, 2021, 2：100046.

［8］ Ping Duan, Yan Chunjie, Zhou Wei, et al. Fresh properties, compressive strength and microstructure of fly ash geopolymer paste blended with iron ore tailing under thermal cycle ［J］. Construction and Building Materials, 2016, 118：76～88.

［9］ Yun Ming Liew, Cheng Yong Heah, Al Bakri Mohd Mustafa, et al. Structure and properties of clay-based geopolymer cements：A review, Progress in Materials Science, 2016, 83：595～629.

［10］ Zhang Lianyang, Saeed Ahmari, Zhang Jinhong. Synthesis and characterization of fly ash modified mine tailings-based geopolymers ［J］. Construction and Building Materials, 2011, 25（9）：3773～3781.

［11］ Wang Xinpeng, Yu Rui, Shui Zhonghe, et al. Development of a novel cleaner construction product：Ultra-high performance concrete incorporating lead-zinc tailings ［J］. Journal of Cleaner Production, 2018, 196：172～182.

［12］ Felipe Vargas, Mauricio Lopez, Lucia Rigamonti. Environmental impacts evaluation of treated copper tailings as supplementary cementitious materials, Resources ［J］. Conservation and Recycling, 2020, 160：104890.

［13］ Olugbenga Ayeni, Azikiwe Peter Onwualu, Emmanuel Boakye. Characterization and mechanical performance of metakaolin-based geopolymer for sustainable building applications ［J］. Construction and Building Materials, 2021, 272：121938.

［14］ Felipe Vargas, Marco A Alsina, Jean-François Gaillard, et al. Copper entrapment and immobilization during cement hydration in concrete mixtures containing copper tailings ［J］. Journal of Cleaner Production, 2021, 312：127547.

［15］ Saeed Ahmari, Zhang Lianyang. Durability and leaching behavior of mine tailings-based geopoly-mer bricks ［J］. Construction and Building Materials, 2013, 44: 743~750.

［16］ Khan Asudullah Khan, Ashwin Raut C, Rama Chandrudu, et al. Design and development of sustainable geopolymer using industrial copper byproduct ［J］. Journal of Cleaner Production, 2021, 278: 123565.

［17］ Krishna R S, Faiz Shaikh, Jyotirmoy Mishra, et al. Mine tailings-based geopolymers: Proper-ties, applications and industrial prospects ［J］. Ceramics International, 2021, 47 (13): 17826~17843.

［18］ Davidovits J. Geopolymers and geopolymeric materials ［J］. Journal of thermal analysis, 1989, 35 (2): 429~441.

［19］ Davidovits J, Douglas C, John H, et al. Geopolymeric concretes for en-vironmental protection ［J］. Concrete International: Design&Construction, 1990 (12): 30~40.

［20］ Davidovits J, Davidovics M. Geopolymer: Ultra-High Temperature Tooling Material for the Man-ufacture of Advanced Composites ［C］//36th International SAMPE Symposium, SAMPE 1991, 1991: 1939~1949.

［21］ Davidovits J. Geopolymer cement to minimize carbon-dioxde greenhouse-warming ［J］. Ceramic Transactions, 1993, 37 (1): 165~182.

［22］ 国家发展和改革委员会. 中国资源综合利用年度报告 (2014) ［R］. 再生资源与循环经济, 2014 (10): 3~8.

［23］ 潘志刚, 姚艳斌, 黄文辉. 煤矸石的污染危害与综合利用途径分析 ［J］. 资源: 产业, 2005 (1): 46~49.

［24］ 朱天乐, 何炜, 曾小岚, 等. 中国水泥生产环境负荷研究 ［J］. 环境科学, 2006, 27 (10): 2135~2138.

［25］ 罗冰, 王梓龙, 杜娟. 基于循环经济的铜尾矿综合利用浅析 ［J］. 矿业研究与开发, 2019, 39 (3): 137~140.

［26］ 王婷, 陈建文, 张婧雯, 等. 铜尾矿库下游土壤重金属分布及风险评价 ［J］. 山西大学学报 (自然科学版), 2020, 43 (3): 644~651.

［27］ 夏毅民. 铜陵水木冲尾矿环境工程地质特征及污染评价 ［D］. 合肥: 安徽大学, 2020.

［28］ 朱永恒, 沈非, 余健, 等. 铜尾矿废弃地土壤动物多样性特征 ［J］. 生态学报, 2013, 33 (5): 1495~1505.

［29］ 李红东, 张奎彬, 李亚男. 尾矿库安全评价存在的问题与对策 ［J］. 决策探索 (中), 2019, 612 (4): 12~12.

［30］ 李天霞, 张晓峰, 张适合, 等. 河北某铜尾矿综合回收铜的选矿试验研究 ［J］. 有色金属 (选矿部分), 2019 (2): 22~27.

［31］ 董发勤, 陈道前, 胡如权, 等. 四川里伍铜矿多金属低品位尾矿工艺矿物学研究 ［J］. 黄金科学技术, 2016, 23 (6): 70~74.

［32］ Henrik K H, Juan B Y, Lisbeth M O. Speciation and leachability of copper in mine tailings from porphyry copper mining: Influence of particle size ［J］. Chemosphere, 2005, 60 (10):

1497~1503.

[33] Lam E J, Gálvez M E, Cánovas M, et al. Evaluation of metal mobility from copper mine tailings in northern Chile [J]. Environmental Science and Pollution Research, 2016, 23 (12): 11901~11915.

[34] Nyembwe K J, Fosso-Kankeu E, Waanders F, et al. Structural, compositional and mineralogical characterization of carbonatitic copper sulfide: Run of mine, concentrate and tailings [J]. International Journal of Minerals Metallurgy and Materials, 2019, 26 (2): 143~151.

[35] 黄晓燕, 倪文, 王中杰, 等. 铜尾矿制备无石灰加气混凝土的试验研究 [J]. 材料科学与工艺, 2012, 20 (1): 11~15.

[36] 陈宇峰. 铜尾矿生产蒸压灰砂砖的研究 [D]. 南京: 河海大学, 2005.

[37] 莫晓兰, 林海, 傅开彬, 等. 绢云母对黄铜矿微生物浸出的影响 [J]. 中国有色金属学报, 2012 (5): 227~233.

[38] 郭彪华. 德兴铜矿尾矿中铜的浮选回收及其机理研究 [D]. 福州: 福州大学, 2017.

[39] Lv C, Wen S M, Bai S J, et al. Recovery Cu from a Copper Oxide Ore by Flotation and Leaching [J]. Applied Mechanics and Materials, 2014, 522~524: 1484~1487.

[40] 阙绍娟, 陆智, 吴福初. 广西某选铜尾矿铁铜硫锡综合回收选矿试验 [J]. 有色金属 (选矿部分), 2015 (6): 17~21.

[41] Saeed A, Zhang L Y. Production of eco-friendly bricks from copper mine tailings through geopolymerization [J]. Construction and Building Materials, 2012, 29: 323~331.

[42] Thomas B S, Damare A, Gupta R, et al. Strength and durability characteristics of copper tailing concrete [J]. Construction and Building Materials, 2013 (48): 894~900.

[43] Oluwasola E A, Hainin M R, Aziz M M, et al. Evaluation of asphalt mixtures incorporating electric arc furnace steel slag and copper mine tailings for road construction [J]. Transportation geotechnics, 2015: 47~55.

[44] 姚孟齐, 童雄, 谢贤等. 澳大利亚某铜尾矿综合回收硫、铁试验研究 [J]. 矿产保护与利用, 2017 (6): 62~65.

[45] Noufal R E, Manju U. I-sand: An environment friendly alternative to river sand in Reinforced Cement Concrete constructions [J]. Construction & Building Materials, 2016, 125 (OCT. 30): 1152~1157.

[46] 李东伟, 黄涛, 黄萧, 等. 一种利用铁尾矿固化铜尾矿制作矿井填充材料的方法 [P]. 中国专利: 104844023A, 2015-04-19.

[47] 何哲祥, 鲍侠杰, 董泽振. 铜绿山铜矿不脱泥尾矿充填试验研究 [J]. 金属矿山, 2005 (1): 17~19.

[48] Gill G, Mittal R K, Dandautiya R, et al. Sustainable utilization of waste tire-chips reinforced copper tailings as structural fill [J]. Environment, Development and Sustainability: A Multidiplinary Approach to the Theory and Practice of Sustainable Development, 2020, 22: 4845~4865.

[49] 陈甲斌, 王海军. 铜矿尾矿资源结构与综合利用政策研究 [J]. 中国矿业, 2012, 21

(1)：48～52.

［50］关红艳，徐利华，周冰，等. 我国铜尾矿二次资源再利用技术现状［J］. 金属矿山，2010（10）：185～188.

［51］卿林江，陈典助，张建刚，等. 一种从含铜尾矿中回收铜和金的方法［P］. 中国专利：111589574A，2020-08-28.

［52］郭彪华，陈波，宋学文，等. 德兴铜矿尾矿中铜的浮选回收［J］. 有色金属工程，2017，7（3）：60～63.

［53］Liang Y L，Yin H Q，Xiao Y H，et al. Microbial leaching of copper from tailings of low grade sulphide ores in zambia［J］. Advanced Materials Research，2015，1130：473～476.

［54］Geng C，Wang H J，Hu W T，et al. Recovery of iron and copper from copper tailings by coal-based direct reduction and magnetic separation［J］. Journal of Iron and Steel Research International，2017，24（10）：991～997.

［55］朱千凡，郭永成，晏斌，等. 铜尾矿在高速公路软土地基换填上的应用研究［J］. 三峡大学学报，2018（5）：32～36.

［56］王盘龙. 矿山尾矿干压免烧砖的试验研究［D］. 西安：西安建筑科技大学，2009.

［57］Krupskaya L T，Golubev D A，Rastanina N K，et al. Reclamation of tailings storage surface at a closed mine in the Primorsky Krai by bio remediation［J］. Ming Informational and Analytical Bulletin，2019，9：138～148.

［58］Xie Lina，van Zyl Dirk. Distinguishing reclamation，revegetation and phytor-emediation，and the importance of geochemical processes in the reclamation of sulfidic mine tailings：A review［J］. Chemosphere，2020，252：126446～126458.

［59］郝秀珍，周东美，王玉军，等. 泥炭和化学肥料处理对黑麦草在铜矿尾矿砂上生长影响的研究［J］. 土壤学报，2004（4）：645～648.

［60］Liu S，Wang L，Li Q，et al. Hydration properties of Portland cement-copper tailing powder composite binder［J］. Construction and Building Materials，2020，251：118882.

［61］张军，张立红. 磁场对水扩散系数影响的分子动力学模拟研究［J］. 曲阜师范大学学报（自然科学版），2003（1）：64～67.

［62］程红光. 煤矸石在公路工程中的应用研究［D］. 西安：长安大学，2009.

［63］Yang X K，Xiong R，Yang F，et al. Laboratory investigation of the high temperature rheological property of activated coal gangue modified asphalt binder［J］. applied mechanics & Materials，2015，744～746：1261～1265.

［64］狄科明. 煤矸石用作路基填料的工程特性研究［J］. 交通科技，2016（3）：166～168.

［65］Guo S，Zhang J，Li M，et al. S. A preliminary study of solid-waste coal gangue based biomineralization as eco-friendly underground backfill material：Material preparation and macro-micro analyses［J］. Science of The Total Environment，2021：145241.

［66］韩邦华. 煤矸石在水泥行业中的综合利用［J］. 江西建材，2019（11）：6～8.

［67］陈立东. 利用煤矸石生产建筑材料及其对性能特性的分析［J］. 中国建筑金属结构，2013（22）：200.

[68] Guan L X, Chuan M S, Yao S. A New Comprehensive utilization method for coal gangue: preparing alite-sulphoaluminate cement [J]. Advanced Materials Research, 2013, 652~654: 1527~1532.

[69] Ma H, Zhu H, Wu C, et al. Study on compressive strength and durability of alkali-activated coal gangue-slag concrete and its mechanism [J]. Powder Technology, 2020, 368: 112~124.

[70] 李平, 田红丽, 刘荣杰. 煤矸石制备高附加值化工产品的研究现状 [J]. 能源环境保护, 2014, 28 (3): 24~25.

[71] Yang Q, Zhang F, Deng X, et al. Extraction of alumina from alumina rich coal gangue by a hydro-chemical process [J]. Royal Society Open ence, 2020, 7 (4): 192132.

[72] 许红亮, 程维高, 李牧, 等. 煤矸石制备 4A 分子筛工艺研究 [J]. 非金属矿, 2011 (2): 14~16.

[73] 徐新阳, 陈熙, 宫璇, 等. 煤矸石制备聚合氯化铝的试验研究及应用 [J]. 安全与环境学报, 2012 (4): 46~49.

[74] 刘成龙, 李艳, 梁浩, 等. 基于环境友好的酸浸煤矸石制备 α-氧化铁研究 [J]. 无机盐工业, 2018, 50 (12): 64~67.

[75] Yu B, Du Y, Wei L, et al. Valorization of coal gangue and vanadium-titanium slag into glass-ceramic coating for oxidation resistance of 60Si2Mn spring steel at high temperature [J]. ISIJ International, 2021, 61 (1): 326~334.

[76] 康博文, 谢贤, 陈铁华, 等. 地质聚合物及其在尾矿治理方面的研究进展 [J]. 化工新型材料, 2019, 47 (5): 42~47.

[77] Davidovits J. Geopolymers: man-made rock geosynthesis and the resulting development of very early high strength cement [J]. Journal of Materials education, 1994, 16: 91.

[78] 孙道胜, 王爱国, 胡普华. 地质聚合物的研究与应用发展前景 [J]. 材料导报, 2009, 23 (4): 61~65.

[79] 吴小缓, 张杨, 袁鹏, 等. 地质聚合物的研究进展与应用 [J]. 硅酸盐通报, 2016 (12): 4032~4037.

[80] Davidovits J. Geopolymer chemistry and properties. Geopolymer'88, 1st European Conference on Soft Mineralurge [C]. Compiegne, France, 1988, 1: 25~48.

[81] 倪文, 王恩, 周佳. 地质聚合物——21 世纪的绿色胶凝材料 [J]. 新材料产业, 2003 (6): 24~28.

[82] Xu H, Deventer J S J V. The geopolymerisation of alumino-silicate minerals [J]. International Journal of Mineral Processing, 2000, 59 (3): 247~266.

[83] Wang H, Li H, Yan F. Synthesis and tribological behavior of metakaolinite-based geopolymer composites [J]. Materials Letters, 2005, 59 (29/30): 3976~3981.

[84] 王鸿灵, 李海红, 阎逢元. 一种铝硅酸盐矿物聚合物材料的制备方法 [P]. 中国专利: 1634795A, 2005.

[85] Feng D, Tan H, Deventer J S J V. Ultrasound enhanced geopolymerisation [J]. Journal of Materials Science, 2004, 39 (2): 571~580.

[86] 孙大全，顾泽宇，孙硕，等. 碱激发粉煤灰-硅灰基地质聚合物的性能及表征［J］. 硅酸盐通报，2020，39（5）：1533～1539.

[87] 刘淑贤，聂轶苗，牛福生. 尾矿矿渣制备地质聚合物材料工艺条件的研究［J］. 金属矿山，2010（9）：182～185.

[88] Zhang Wensheng, Ye Jiayuan, Dishi. Performance Evolutions of Tailing-Slag Based Geopolymer Under Severe Conditions ［C］//The 2nd International Conference on Advances In Chemically-Activated Materials（Cam, 2014-China），2014：23.

[89] Van J J S G, Van D J S J, Lukey G C. The characterization of source materials in fly ash-based geopolymers ［J］. Materials Letters，2003，57（7）：1272～1280.

[90] Gao K, Lin K L, Wang D Y, et al. Effect of nano-SiO$_2$ on the alkali-activated characteristics of metakaolin-based geopolymers ［J］. Construction & Building Materials，2013，48（19）：441～447.

[91] 姚振亚. 地质聚合物的体积稳定性与强度研究 ［D］. 郑州：郑州大学，2009.

[92] 沈威. 水泥工艺学 ［M］. 武汉：武汉理工大学出版社，2008.

[93] 陈晓堂，徐军，郑娟荣，等. 4A 沸石和地质聚合物的合成与离子交换性能的研究 ［J］. 化工新型材料，2007（8）：34～35.

[94] 朱晓敏. 粉煤灰地聚合物材料研究 ［D］. 南昌：南昌大学，2005.

[95] 贾屹海. Na-粉煤灰地质聚合物制备与性能研究 ［D］. 北京：中国矿业大学（北京），2009.

[96] Bakharev T. Durability of geopolymer materials in sodium and magnesium sulfate solutions ［J］. Cement & Concrete Research，2005，35（6）：1233～1246.

[97] Bakharev T. Resistance of geopolymer materials to acid attack ［J］. Cement & Concrete Research，2005，35（4）：658～670.

[98] Palomo A, Maclas A, Blanco M T, et al. Physical chemical and mechanical characterization of geopolymer ［C］. Proc 9th lnt Congr Chem Cem，1992：505～511.

[99] 金漫彤，孙烨，陈林伟. 秸秆地质聚合物复合材料保温性及耐高温性能研究 ［J］. 矿物学报，2015，35（2）：185～190.

[100] 徐建中，唐然肖，周云龙，等. 用粉煤灰和制革废水污泥等制备地聚合物材料 ［J］. 建筑材料学报，2007（1）：105～109.

[101] 廖希雯，陈杰，范天凤，等. 地质聚合物固化稳定化重金属复合污染土壤 ［J］. 环境工程学报，2018，12（7）：2056～2065.

[102] 顾泽宇，孙大全，隋玉武，等. 碱激发矿粉胶凝材料的力学性能及微观研究 ［J］. 粉煤灰综合利用，2019（6）：36～39.

[103] Shahin C M, Rahmat M, Morteza J, et al. Mechanical properties of fly ash-based geopolymer concrete with crumb rubber and steel fiber under ambient and sulfuric acid conditions ［J］. Construction and Building Materials，2021，281：560～565.

[104] 张敏，马倩敏，郭荣鑫，等. 磷渣-水泥复合及碱磷渣胶凝材料力学性能实验研究［J］. 硅酸盐通报，2020，39（2）：376-382，401.

[105] 伍勇华, 胡宇博, 南峰, 等. 粉煤灰对碱激发矿渣胶凝材料耐盐酸腐蚀性能的影响 [J]. 硅酸盐通报, 2019, 38 (4): 1166~1170, 1176.

[106] 谢超, 王起才, 于本田, 等. 泥复合胶凝材料的抗硫酸盐侵蚀试验 [J]. 材料科学与工程学报, 2020, 38 (1): 88~93.

[107] Jin M T, Wang Z H, Lian F, et al. Freeze-thaw resistance and seawate-r corrosion resistance of optimized tannery sludge/metakaolin-based geopolymer [J]. Construction and Building Materials, 2020, 265: 120730~120740.

[108] Tittarelli F, Mobili A, Giosuè C, et al. Corrosion behaviour of bare and galvanized steel in geopolymer and Ordinary Portland Cement based mortars with the same strength class exposed to chlorides [J]. Corrosion Science, 2018, 134: 64~77.

[109] 朱凯琪. 粉煤灰-偏高岭土地质聚合物的制备与氯盐传输试验研究 [D]. 杭州: 浙江工业大学, 2019.

[110] 朱晶. 碱矿渣胶凝材料耐高温性能及其在工程中应用基础研究 [D]. 哈尔滨: 哈尔滨工业大学, 2014.

[111] 刘方华. 碱激发磷矿渣复合胶凝材料的水化特性 [J]. 建筑材料学报, 2020, 23 (5): 1038~1045.

[112] 胡志超, 张长森, 顾薛苏, 等. 苯丙乳液/偏高岭土基地聚合物的制备与耐高温性能 [J]. 混凝土, 2020 (11): 62~66.

[113] 曹海琳, 李国学, 翁履谦, 等. 耐高温耐腐蚀无机聚合物胶凝材料的性能研究 [J]. 材料导报, 2013, 27 (6): 27~32.

[114] 夏雨欣. 3D打印碱激发胶凝材料的制备及性能研究 [D]. 重庆: 重庆大学, 2019.

[115] Ayeni Olugbenga, Onwualu Azikiwe Peter, Boakye Emmanuel. Characteriz-ation and mechanical performance of metakaolin-based geopolymer for sustainable building applications [J]. Construction and Building Materials, 2021, 272: 121938~121951.

[116] 郭小雨, 樊传刚, 裴立宅, 等. 磷石膏免烧砖的性能及其重金属离子固定研究 [J]. 新型建筑材料, 2020, 47 (10): 127~131, 152.

[117] El Alouani Marouane, Saufi Hamid, Moutaoukil Ghizlane, et al. Application of geopolym-ers for treatment of water contaminated with organic and inorganic pollutants: State of the art review [J]. Journal of Environmental Chemical Engineering, 2021, 9 (2): 105095~105118.

[118] Hamdane Hasna, Tamraoui Youssef, Mansouri Said, et al. Statistical modeling of geopolymers from dual-alkali activation of un-calcined phosphate sludge and their potential applications as sustainable coating materials [J]. Journal of Cleaner Production, 2021, 283: 125421~125438.

[119] Singh N B, Saxena S K, Kumar M, et al Geopolymer cement: Synthesis, Cha-racterization, Properties and applications [J]. Materials today: proceedings, 2019, 15: 364~370.

[120] 胡志华, 林华强, 马菊英, 等. 地聚合物基EPS轻质隔热板的研究 [J]. 新型建筑材料, 2010, 37 (6): 47~49, 57.

[121] Pan Z H, Zhang J, Liu W. Solidification/stabilization of zinc-lead tailings by alkali activated slag cement [J]. Journal of Wuhan University of Technology-Mater. Sci. Ed, 2015.

[122] 刘泽, 李丽, 张媛, 等. 粉煤灰基地质聚合物固化重金属 Pb^{2+} 的研究 [J]. 硅酸盐通报, 2018, 37 (4): 1382~1386.

[123] Wang Y, Han F, Mu J. Solidification/stabilization mechanism of Pb (II), Cd (II), Mn (II) and Cr(III) in fly ash based geopolymers [J]. Construction and Building Materials, 2018: 818~827.

[124] 宋旭艳, 韩静云, 郜志海, 等. 碱激发锰渣胶凝材料的探索研究 [J]. 材料导报, 2009, 23 (22): 70~73.

[125] 何玉龙, 陈德玉, 王舒州, 等. 磷石膏基胶凝材料的试验研究 [J]. 非金属矿, 2015 (4): 23~26.

[126] Yao G, Wang Q, Wang Z, et al. Activation of hydration properties of iron ore tailings and their application as supplementary cementitious materials in cement [J]. Powder Technology, 2020, 360: 863~871.

[127] 杨立荣, 王春梅, 封孝信, 等. 粉煤灰/矿渣基地聚物的制备及固化机理研究 [J]. 武汉理工大学学报, 2009, 31 (7): 115~119.

[128] Kuriyama T, Saito T, Sato K, et al. Studies on sulfate resistance of hardened cementitious materials using high volume CaO-MgO-SiO₂ based materials with autoclave curing [J]. Cement Science and Concrete Technology, 2016, 70 (1): 390~396.

[129] Suwan T, Fan M, Braimah N. Micro-mechanisms and compressive strengt-h of Geopolymer-Portland cementitious system under various curing temperatures [J]. Materials Chemistry and Physics, 2016.

[130] 孔令炜, 孙士成. 碱激发胶凝材料的研究现状综述 [J]. 绿色环保建材, 2019 (11): 16~18.

[131] 陈立军, 王德君, 孔令炜, 等. 碱激发胶凝材料 R/Al 控制方法的研究 [J]. 武汉理工大学学报, 2013, 35 (5): 23~28.

[132] 李长江, 王晶, 王敏. 含偏高岭土胶凝材料水化产物微孔结构的研究 [J]. 新世纪水泥导报, 2013 (3): 26~28.

[133] 施麟芸, 毛佩林, 刘松柏, 等. CaO-MgO-Al₂O₃-SiO₂ 系铜尾矿微晶玻璃析晶特征研究 [J]. 硅酸盐通报, 2020, 39 (5): 298~302.

[134] 刘园园, 吴其胜. 煤矸石热活化性能研究 [J]. 环境污染与防治, 2008 (9): 26~30.

[135] 杨天畅, 陆太进, 柯捷, 等. 大别山地区黄色石英质玉石颜色的稳定性实验 [C]// 2013 中国珠宝首饰学术交流会, 2013.

[136] 侯玲艳, 杨爱荣. 矿物掺合料对水泥水化性能的影响研究 [J]. 水利水电技术, 2020, 51 (2): 198~204.

[137] 朱蓓蓉, 杨全兵. 煤矸石颗粒表面热活化研究 [J]. 建筑材料学报, 2006, 9 (4): 484~487.

[138] 郭丽君, 李超, 赵亮, 等. 山西煤矸石的热活化影响因素分析 [J]. 山西化工, 2018,

38（1）：11~14.

[139] 张振．活化铜尾矿及其碱激发胶凝材料制备研究［D］．重庆：重庆大学，2017.

[140] 李永峰，王万绪，杨效益．煤矸石热活化及相变分析［J］．硅酸盐学报，2007（9）：1258~1263，1269.

[141] 黄丽萍，马倩敏，郭荣鑫，等．水玻璃碱浓度和模数对碱矿渣胶凝材料孔隙液化学组成影响试验研究［J］．硅酸盐通报，2019，38（3）：216~221.

[142] 陈志新，杨立荣，宋洋，等．水玻璃激发矿渣-粉煤灰胶凝材料水化机理研究［J］．广东建材，2016，32（12）：5~8.

[143] 叶智远，王倩倩．铝硅酸盐固废胶凝材料制备及其性能［J］．黄金科学技术，2020，28（5）：658~668.

[144] 张长森，薛建平，房利梅．碱激发烧煤矸石胶凝材料的力学性能和微观结构［J］．硅酸盐学报，2004，32（10）：1276~1280.

[145] 张建辉，赵嘉鑫，陈继才，等．碱激发磷渣基胶凝材料的性能及微观结构分析［J］．硅酸盐通报，2019，38（9）：2992~2998.

[146] 王晓东．$CaO-Al_2O_3-P_2O_5$系胶凝材料的设计、制备、表征与性能研究［D］．深圳：深圳大学，2013.

[147] Izquierdo M，Querol X，Davidovits J，et al. Coal fly ash-slag-based geopolymers：microstructure and metal leaching.［J］.Journal of Hazardous Materials，2009，166（1）：561~566.

[148] 徐建中，周云龙，唐然肖．地聚合物水泥固化重金属的研究［J］．建筑材料学报，2006，9（3）：341~346.

[149] 罗忠涛，刘垒，康少杰，等．地聚合物固化/稳定有毒重金属及作用机理研究进展［J］．材料导报，2018，32（11）：81~88.

[150] Ahna J S，Song H，Yim G J，et al. An engineered cover system for mine tailings using a hardpan layer：A solidification/stabilization method for layer and field performance evaluation［J］.Journal of hazardous materials，2011，197（197）：153~160.

[151] 王淑玲．碱激发粉煤灰制备地质聚合物及其性能研究［D］．长沙：长沙理工大学，2016.

[152] 张鑫海．粉煤灰地质聚合物的改性及耐腐蚀性研究［D］．大连：大连交通大学，2019.

[153] 曹海琳，李国学，翁履谦，等．耐高温耐腐蚀无机聚合物胶凝材料的性能研究［J］．材料导报，2013（6）：27~32.

[154] 祎苗，吴正光，刘聪，等．矿渣-粉煤灰基地聚合物性能研究［J］．吉林建筑大学学报，2021，38（1）：53~57.

[155] Lee S，Riessen A，Chon C M，et al. IMPact of activator type on the imm-obilisation of lead in fly ash-based geopolymer［J］.Journal of Hazardous Materials，2016，305：59~66.

[156] 孙淑文．水玻璃模数的调节与计算［J］．建井技术，1984（2）：26~29.

[157] 侯云芬，王栋民，李俏，等．水玻璃性能对粉煤灰基矿物聚合物的影响［J］．硅酸盐学报，2008（1）：61~64，68.

［158］ Guo X L, Shi H S, Xu M S. Static and dynamic leaching experiments of heavy metals from fly ash-based geopolymers ［J］. Journal of Wuhan University of Technology（Materials Science Edition）, 2013, 28（5）: 938~943.

［159］ 曹娃, 伊元荣, 马佐, 等. 碱激发粉煤灰-钢渣地质聚合物的抗压强度实验研究 ［J］. 环境科学与技术, 2014, 37（12）: 205~208.

［160］ 陈士堃. 偏高岭土基地聚物混凝土力学性能及微观机理研究 ［D］. 杭州: 浙江大学, 2019.

［161］ Wang Y G, Han F L, Mu J Q. Solidification/stabilization mechanism of Pb（Ⅱ）, Cd（Ⅱ）, Mn（Ⅱ）and Cr（Ⅲ）in fly ash based geopolymers ［J］. Construction and Building Materials, 2018, 160: 818~827.

［162］ Jin M T, Jin Z F, Huang C J. Immobilization of Heavy Metal Pb^{2+} with Geopolymer ［J］. Environmental Science, 2011, 32（5）: 1447~1453.

［163］ 王学深. 正交试验设计法 ［J］. 山西化工, 1989（3）: 53~58.

［164］ 孙朋, 吕莹, 李佳欣, 等. 养护方式对 EMR-FA 基地质聚合物抗压强度的影响 ［J］. 非金属矿, 2019, 42（3）: 26~29, 60.

［165］ Zhang M T, Yang C H, Zhao M, et al. Immobilization potential of Cr（Ⅵ）i-n sodium hydroxide activated slag pastes ［J］. Journal of Hazardous Materials, 2017, 321: 281~289.

［166］ 焦向科, 曹志明, 李涛, 等. 养护对钨尾矿地聚物抗压强度及泛霜的影响 ［J］. 非金属矿, 2016, 39（4）: 59~62.

［167］ 孔凡龙, 刘泽, 张俱嘉, 等. 矿渣-粉煤灰基地质聚合物性能与微观结构的研究 ［J］. 电子显微学报, 2016, 35（3）: 229~234.

［168］ 王晴, 康升荣, 吴丽梅, 等. 地聚合物凝胶体系中 N-A-S-H 和 C-A-S-H 结构的分子模拟 ［J］. 建筑材料学报, 2020, 23（1）: 184~191.

［169］ Yan S, Zhang F, Wang L, et al. A green and low-cost hollow gangue microsphere/geopolymer adsorbent for the effective removal of heavy metals from wastewaters ［J］. Journal of Environmental Management, 2019, 246: 174~183.

［170］ Rasaki S A, Zhang B, Guarecuco R, et al. Geopolymer for use in heavy metals adsorption, and advanced oxidative processes: A critical review ［J］. Journal of Cleaner Production, 2019, 213（MAR. 10）: 42~58.

［171］ Ji Z H, Pei Y S. Bibliographic and visualized analysis of geopolymer research and its application in heavy metal immobilization: A review ［J］. Journal of Environmental Management, 2018.

［172］ 陈克强, 印万忠, 饶峰, 等. 基于地质聚合反应的低品位铜矿石制团及机理 ［J］. 中国有色金属学报, 2020, 30（6）: 1446~1453.

［173］ 周梅, 赵华民, 路其林, 等. 热活化煤矸石-矿渣-粉煤灰地聚合物的性能研究 ［J］. 非金属矿, 2014, 37（5）: 4~7.

［174］ 仇秀梅, 刘亚东, 严春杰, 等. 粉煤灰基地质聚合物固化 Pb^{2+} 及其高温稳定性研究 ［J］. 硅酸盐通报, 2019, 38（7）: 2281~2287, 2294.

［175］ Li S, Huang X, Muhammad F, et al. Waste solidification/stabilization of lead-zinc slag by utilizing fly ash based geopolymers ［J］. RSC Advances, 2018, 8（57）: 32956~32965.

［176］ 施惠生, 胡文佩, 郭晓潞, 等. 地聚合物的早期反应过程及表征技术［J］. 硅酸盐学报, 2015, 43（2）: 174~183.

［177］ 张郁旋. 地质聚合物的制备与性能［D］. 大连: 大连交通大学, 2018.

［178］ 厉超. 矿渣, 高/低钙粉煤灰玻璃体及其水化特性研究［D］. 北京: 清华大学, 2011.

［179］ Zhang Z, Wang H, Provis J L, et al. Quantitative kinetic and structural an-alysis of geopoly-mers. Part 1. The activation of metakaolin with sodium hydroxide ［J］. Thermochimica Acta, 2012, 539: 23~33.

［180］ 常利. Na-粉煤灰基地聚合物胶凝材料的制备及性能研究［D］. 长安: 长安大学, 2015.

［181］ 廖梦运. 粉煤灰——偏高岭土基秸秆地质聚合物保温建筑材料及耐高温性能研究［D］. 杭州: 浙江工业大学, 2015.

［182］ Bakharev T. Resistance of geopolymer materials to acid attack ［J］. Cement & Concrete Research, 2005, 35（4）: 658~670.

［183］ 仇秀梅, 刘亚东, 严春杰. 不同侵蚀环境下地质聚合物耐久性研究［J］. 硅酸盐通报, 2021, 40（2）: 548~556.

［184］ 唐灵, 张红恩, 黄琪, 等. 粉煤灰基地质聚合物再生混凝土的抗硫酸盐性能研究［J］. 四川大学学报（工程科学版）, 2015, 47（S1）: 164~170.

［185］ 张凯帆. 铜尾矿胶凝材料的制备及水化机理［D］. 石家庄: 河北工程大学, 2021.

［186］ 胡彪. 铜尾矿免烧墙体材料研究［D］. 南昌: 南昌大学, 2021.

［187］ 谭波, 张冬冬, 宁平, 等. 铜尾矿综合利用研究进展［J］. 化工矿物与加工, 2021, 50（2）: 46~51.

［188］ 沈忱. 谈矿山土地复垦与生态恢复治理［J］. 建材与装饰, 2020（16）: 115~116.

［189］ 科学指南针团队. 测料测试宝典［M］. 杭州: 浙江大学出版社, 2022.

［190］ Hua X, Deventer J. Geopolymerisation of multiple minerals ［J］. Minerals Engineering, 2002, 15（12）: 1131~1139.

［191］ 张云升, 孙伟, 李宗津. 地聚合物胶凝材料的组成设计和结构特征研究［C］//硅酸盐学报创刊50周年暨中国硅酸盐学会2007年学术年会论文摘要集, 2007: 62

［192］ 焦向科. 石煤提钒尾矿地聚物胶凝材料的制备、表征及其性能研究［D］. 武汉: 武汉理工大学, 2012.

［193］ 王国东, 樊志国, 卢都友. 硅铝原料对地聚物制备和性能的影响［J］. 硅酸盐通报, 2009, 28（2）: 6.

［194］ 郑娟荣, 周同和, 刘丽娜. 碱-偏高岭石-矿渣系胶凝材料的凝结硬化性能研究［J］. 硅酸盐通报, 2007, 26（6）: 4.

［195］ 翁履谦, KWESI S C, 宋申华, 等. 地质聚合物合成中铝酸盐组分的作用机制［J］. 硅酸盐学报, 2005, 33（3）: 5.

［196］ LEE, K W W, DEVENTER V, et al. The interface between natural siliceous aggregates and geopolymers ［J］. Cement & Concrete Research, 2004, 34（2）: 195~206.

［197］许进. 铸造用水玻璃及其改性机制［M］. 武汉：华中科技大学出版社，2009.

［198］谢素超，周辉. 基于 Kriging 法的铁道车辆客室结构优化［J］. 中南大学学报，2012，43（5）：9.

［199］Seetharaman R，Ravisankar V，Balasubramanian V. Corrosion performance of friction stir welded AA2024 aluminium alloy under salt fog conditions［J］. Transactions of Nonferrous Metals Society of China，2015，25（5）：1427~1438.

［200］王梦寒，王彦丽，杨海. 基于响应面法的高强度钢板热冲压成形圆角破裂的工艺参数优化［J］. 中南大学学报，2014，45（12）：4161~4167.

［201］Del Coz Diaz J J，Garcia-nieto P J，Alvarez-rabanal F P，et al. The use of response surface methodology to improve the thermal transmittance of lightweight concrete hollow bricks by FEM［J］. Construction and Building Materials，2014，52：331~344.

［202］Ghafari E，Costa H，Júlio E. Rsm-based model to predict the performance of self-compacting UHPC reinforced with hybrid steel micro-fibers［J］. Construction and Building Materials，2014，66：375~383.

［203］ZAHID M，SHAFIQ N，ISA M H，et al. Statistical modeling and mix design optimization of fly ash based engineered geopolymer composite using response surface methodology［J］. Journal of Cleaner Production，2018，194：483~498.

［204］Subasi A，Sahin B，Kaymaz I. Multi-objective optimization of a honeycomb heat sink using Response Surface Method［J］. International Journal of Heat and Mass Transfer，2016，101：295~302.

［205］Wang P，Li N，Xu L. Hydration evolution and compressive strength of calcium sulphoaluminate cement constantly cured over the temperature range of 0 to 80℃［J］. Cement and Concrete Research，2017，100：203~213.

［206］姬永生，王志龙，徐从宇，等. 混凝土中钢筋腐蚀过程的极化曲线分析［J］. 浙江大学学报，2012，46（8）：8.

［207］陈筱岚，王占文，杨南如. 硅酸盐玻璃中［SiO$_4$］$^{4-}$四面体聚合分布的研究 I. 三甲基硅烷化-气相色谱分析方法［J］. 硅酸盐学报，1987（1）：86~91.

［208］Granizo M L，Blanco-varela M T，Martínez-ramírez S. Alkali activation of metakaolins：parameters affecting mechanical，structural and microstructural properties［J］. Journal of Materials Science，2007，42（9）：2934~2943.

［209］郭晓潞，张丽艳，施惠生. 地聚合物固化/稳定化重金属的影响因素及作用机制［J］. 功能材料，2015，46（5）：6.

［210］刘乐平. 磷酸基地质聚合物的反应机理与应用研究［D］. 南宁：广西大学，2012.

［211］BABAEE M，CASTEL A. Chloride-induced corrosion of reinforcement in low-calcium fly ash-based geopolymer concrete［J］. Cement and Concrete Research，2016，88：96~107.

［212］郭昌明. 以失效磷酸基抛光液为激发剂制备地质聚合物的研究与应用［D］；南宁：广西大学，2016.

［213］Pikunic J，Llewellyn P，Pellenq R，et al. Argon and nitrogen adsorption in disordered nanoporous carbons: simulation and experiment [J]. Langmuir the Acs Journal of Surfaces & Colloids, 2005, 21 (10): 4431~4440.

[214] 庄昌清, 岳红, 张慧军. 分子模拟方法及模拟软件 Materials Studio 在高分子材料中的应用 [J]. 塑料, 2010, (4): 4.

[215] ALLEN M P. Computer simulation of multiscale phenomena in colloidal liquid crystals [J]. Computer Physics Communications, 2005, 169 (1~3): 433~437.

[216] HONGFA Y, WEI S, YUNSHENG Z. Effect of high elasticity module polyethylene fiber on freeze-thaw durability of high strength concrete with high volume mineral admixtures [J]. Journal of Nanjing University of Aeronautics & Astronautics, 2008.

[217] LIU Z, ZHANG Y, SUN G, et al. Analytical equations and numerical simulation describing the pore and solid phase distributions of interfacial transition zones in cement-based materials [J]. Journal of Materials in Civil Engineering, 2021, 33 (3): 04021011.

[218] 施惠生, 郭晓潞, 夏明, 等. 地聚合物凝胶结构特性的分子动力学研究 [J]. 功能材料, 2015, (4): 5.

[219] HUI X U, WANG N N, HONG YAN L U, et al. Applications of Materials Studio software in the study of solid state physics [J]. Journal of Science of Teachers' College and University, 2015.

[220] HAMID S A. Electron microscopic characterization of the hydrothermal growth of synthetic 11 to bermorite $Ca_6Si_6O_{18} \cdot 4H_2O$ crystals [J]. Journal of Crystal Growth, 1979, 46 (3): 421~426.

[221] CRIADO M, BASTIDAS D M, FAJARDO S, et al. Corrosion behaviour of a new low-nickel stainless steel embedded in activated fly ash mortars [J]. Cement & Concrete Composites, 2011, 33 (6): 644~652.

[222] White C E, Perander L M, Provis J L, et al. The use of XANES to clarify issues related to bonding environments in metakaolin: a discussion of the paper S. Sperinck. Dehydroxylation of kaolinite to metakaolin-a molecular dynamics study [J]. Journal of Materials Chemistry, 2011, 21 (19): 7007~7010.

[223] CASTELLOTE M, FERNANDEZ L, ANDRADE C, et al. Chemical changes and phase analysis of OPC pastes carbonated at different CO_2 concentrations [J]. Materials & Structures, 2009, 42 (4): 515~525.

[224] 周崇松. 水化硅酸钙 (C-S-H) 分子结构与力学性能的理论研究 [D]. 武汉: 武汉大学, 2012.

[225] 张立红, 张军. 分子动力学模拟方法及其误差分析 [J]. 青岛大学学报 (自然科学版), 2003 (2): 24~28.

[226] 文玉华, 朱如曾, 周富信, 等. 分子动力学模拟的主要技术 [J]. 力学进展, 2003 (1): 65~73.

[227] 崔守鑫, 胡海泉, 肖效光, 等. 分子动力学模拟基本原理和主要技术 [J]. 聊城大学学报, 2005 (1): 30~34.

[228] 杨有威, 罗玉霞, 张青青, 等. 分子模拟技术在高岭石研究中的应用进展 [J]. 硅酸盐通报, 2022, 41 (1): 153~161.

[229] 王建国, 秦张峰, 郭向云. 计算机模拟在分子筛研究中的应用 [J]. 燃料化学学报, 1999 (S1): 150~158.

[230] 樊康旗, 贾建援. 经典分子动力学模拟的主要技术 [J]. 微纳电子技术, 2005 (3): 133~138.